# 重庆
## 青花椒综合营养管理

曾卓华 ◎ 主编

U0257565

中国农业出版社

北 京

重庆青花椒综合营养管理

# 本书编委会

主　编：曾卓华　　王　帅

副主编：陈松柏　　赵敬坤　　王　洁　　李忠意

参　编：（以姓氏笔画排序）

王　洋　　王寿先　　王孝忠　　孔露曦　　卢　明

冉文秀　　付登伟　　冯　兴　　朱昌峰　　李会合

李红梅　　李志琦　　李姗蓉　　李萍萍　　谷守宽

况　觅　　张　引　　张宇亭　　陈亚楠　　罗　博

金珂旭　　周　佳　　周　鹏　　周　震　　胡胜勇

贺红周　　唐晓东　　黄秀芬　　商跃凤　　梁　涛

彭　清　　彭先荣　　彭翎凌　　葛召宇　　程永毅

游小军　　詹林庆

# PREFACE

## 前　言

　　花椒为芸香科花椒属植物，原产于中国，在中国具有 2 000 多年的食药同源利用历史，中国的花椒种植面积和产量稳居世界第一。花椒属是芸香科中分布最广的一个属，在全世界已知有 200 余种，广泛分布于亚洲、非洲、大洋洲、北美洲的热带及亚热带地区，温带地区分布较少。该属在中国有 41 种，其中 25 种为特有种。花椒属植物具有重要的经济价值，其中多种植物的根皮、茎皮、果皮及叶由于含有生物碱、黄酮类和酰胺类化合物及芳香油，常被民间作为药材——祛除风湿、散血化瘀、镇痛消炎，或作为调味剂、驱虫剂和防腐剂。据统计数据，2008 年时我国花椒种植面积 996 万亩*，占世界花椒总产量的 90%。日本、韩国、朝鲜、印度、马来西亚、尼泊尔、菲律宾等国家先后进行了花椒的引种栽培。我国花椒主要为北方红花椒和南方青花椒两大类型，在传

---

　　* 亩为非法定计量单位，1 亩＝0.066 7hm²。——编者注

统栽培中青花椒占比不到30％。2008年，全国青花椒种植面积290万亩，干花椒总产量19万t，平均鲜花椒单位面积产量低于350kg/亩。近10年来，青花椒产业发展迅猛，2018年，通过汇总花椒主产区数据，我国花椒栽种面积超过1 728万亩，其中青花椒约1 037万亩，红花椒约为691万亩；2020年我国花椒产量突破45万t。青花椒主要分布在重庆、四川、云南、贵州等省份的丘陵山区。《重庆青花椒综合营养管理》以江津的九叶青花椒为主，内容紧密结合生产实际，对重庆市青花椒种植区域土壤进行剖面采样，分析了花椒园土壤肥力与养分供应现状，探究了青花椒营养特性及需肥规律，集成青花椒养分资源综合管理技术和案例，希望能够为广大椒农提供技术指导和帮助。

感谢王正银、石孝均、李振轮、陈新平、屈明、谢德体、阚建全、刘汝乾、谢永红、蔡国学等专家老师对本书的大力支持。由于作者水平有限，书中难免存在错漏之处，诚恳欢迎广大读者和专家给予批评和指正。

王 帅

2022年5月18日

# C O N T E N T S

# 目 录

# 第一章
# 绪　　论

## 一、花椒的历史

大约在 3 000 年前，我们的祖先就认识了花椒作为香料的价值。最早有关花椒的记载见于《诗经》，在《周颂》《唐风》《陈风》中就有"有椒其馨""椒聊之实，蕃衍盈升"的文字记述。我国古代诗人屈原在《九歌》《九章》中有"巫咸将夕降兮，怀椒糈而要之""奠桂酒兮椒浆"的句子。化石记录是揭示花椒历史存在的最直接证据。2015 年，基于云南 3 个不同地质时期（晚中新世、晚上新世和早更新世）的花椒属种子化石，结合之前发现于云南省保山市隆阳区潞江镇芒旦村中中新世以来的花椒属种子化石，推测该属不晚于中中新世就在西南地区出现，并一直存在至今，这为分子生物学研究提供了重要参考。

花椒作为栽培的经济树种，在我国最迟不晚于晋，到南北朝时已有了比较完善的栽培方法。南北朝之后，花椒的种植更加兴盛，栽培技术也趋于完善。北魏贾思勰《齐民要术卷第四·种椒第四十三》，宋朝苏颂《图经本草》，元朝司农司《农桑辑要》，明朝王象晋《群芳谱》、李时珍《本草纲目》、邝璠《便民图纂》，清代张宗法《三农纪》等书中都有花椒栽培的记述。

花椒的果皮、果梗、种子及根、茎、叶均可入药。从我国现存最早的药物学文献《神农本草经》开始，历代药书都有花椒入药的记载。李时珍《本草纲目》中对花椒的性味、归经、用法用量、功用主治及炮制方法均有详尽论述。花椒有温中散寒、燥湿杀虫、行气止痛的功能，主治心腹冷痛、风寒湿痹等病症。

人们食用花椒果皮，主要取其麻味。花椒作为一种独立的基本调味剂是清代之后的事，"麻、辣、咸、甜、酸、苦、香"七味中以麻味居首。麻、辣二味构成了川菜的独特风格，川菜以其麻香宜人、开胃爽口享誉中外。

中国花椒在先秦时期以陕西省西南部、河南省东南部及山西省南部为主要产区。汉魏以前，中国花椒主要野生于西部山区；到两晋时期，以栽培为主的经营方式才得以逐渐兴起，使得花椒分布范围向西扩展。明朝时期，花椒栽植已成民俗，特别是在内销兴盛、外销增加的拉动下，花椒栽植范围进一步扩大，遍及中国南北多数省份，甚至青藏高原地区也有了花椒的栽植。目前，花椒在中国分布广泛，除黑龙江、辽宁、吉林、内蒙古等少数地区，黄河和长江中上游的20多个省份均有栽培，但以西北、华北、西南地区分布较多。红花椒集中产于河北省涉县、山东省莱芜区，山西省芮城县，陕西省凤县、韩城市；青花椒集中产于重庆市江津区、綦江区、铜梁区、潼南区、丰都县、酉阳县，四川省汉源县、冕宁县、汶川县、金川县、平武县、西昌市，云南省昭通市、楚雄州、丽江市，贵州的水城区、关岭县等地。

## 二、重庆市青花椒产业现状

九叶青花椒为芸香科花椒属的一种，为常绿小乔木。自然生长株高 3～4 m，枝、叶、果均有芳香气味，树皮呈黑褐色，上有瘤状突起。1 年生植物的枝呈褐绿色，多年生植物的枝呈黑棕色；奇数羽状复叶、互生，小叶 7～11 枚，幼苗 9 枚居多，叶片呈长椭圆形，叶缘具细锯齿，叶柄两侧具有明显的小刺，叶背面有很多透明的圆点。聚伞状圆锥花序顶生，单性或杂性同株。果实为绿色，成熟的果实大多为红色，果呈球形，果皮上有很多疣状突起腺点。种子 1～2 粒，圆形或半圆形，表面有一层油脂类物质、黑色有光泽。九叶青花椒于 2005 年通过国家林木品种审定委员会审定（国 S－SV－ZA－020－2005）；早熟九叶青花椒于 2016 年通过重庆市林木品种审定委员会良种认定（渝 R－SF－ZA－002－2016）。2004 年，重庆市江津区荣获"中国花椒之乡"的称号；2005 年，"江津花椒"获得国家质量监督检验检疫总局地理标志产品保护；2019 年，"江津花椒"荣获中国气象服务协会"中国气候好产品"认证标志。

重庆市是我国青花椒的主产区，九叶青花椒是重庆的主栽品种，在栽培管理中每年采用强回缩修剪，其养分的积累规律不同于其他品种。重庆大规模种植青花椒始于 20 世纪 70 年代，以江津区最有代表性。在当地政府的大力支持下，江津区先锋镇九叶青花椒产业发展迅猛，1991 年，林业部将先锋镇列为"全国重点花椒基地"。随着农业产业结构调整，九叶青花椒产业发展与水土保持、退耕还林、扶贫开发等政策有机结合，极大地提高了九叶青花椒种植面积。2017

年，重庆青花椒种植面积达 115 万亩，江津区种植面积最大，达到 50 万亩。九叶青花椒果实皮厚色青、油胞饱满、香气浓郁、麻味纯正，富含人体所需的氨基酸、铁、锌、硒等多种营养物质，是理想的调味佳品和化工原料。2018 年，经农业农村部农产品质量检测中心（重庆）检测：九叶青花椒含油量比传统品种枸椒高 38.9％，挥发油含量高 45.6％，蛋白质含量高 42.0％，氨基酸含量高 32.1％，矿质元素含量高 7.8％。75～97 个香味物质和 8 个特征组分，形成了青花椒独特的清香味。

# 三、青花椒的生长特性

青花椒个体发育的生命周期是从种子萌发到衰亡的过程，可划分为 4 个时期，即种苗幼龄期、生长结果期、成年盛果期、结果衰老期。在自然条件适宜、管理精细的条件下，其生命周期长；反之，则生命周期短。

青花椒一般寿命在 30 年左右，经济寿命在 20 年左右，通常定植 2 年开始结果，3～5 年分枝大量增加，树冠扩展迅猛，产量逐年提高，6 年后，鲜椒产量可达 1 000 kg/亩以上。

## 1. 根

九叶青花椒为浅根系作物，根系垂直分布较浅，而水平分布范围很广，成年九叶青花椒侧根、须根分布可达树冠直径的 5 倍以上，须根集中分布在树冠投影外缘的 0.5～1.5 倍范围。九叶青花椒的根系在地温达到 5 ℃时开始生长，一年有 3 次生长高峰：第一次是在萌芽期，之后进入开花期，根系生长逐渐转缓；第二次是在果实膨大期 4—5 月，此时新梢生长速度减缓,光合作用增强,树体营养物质增多,加之土壤温度升高,根系生长速度加快,生根数量大,是一年中最旺盛的时期;第三次是在采收期后,枝条生长期、枝叶光合作用增强,根系生长速度加快。总体来说地下部分根系生长的高峰时期和枝叶生长的高峰时期成互补的关系;另外花椒根系在疏松的土壤上生长旺盛,而在雨季因积水易造成根系供氧不足而死亡。

**2. 芽**

花椒的芽根据生长发育特性可分为叶芽、花芽和混合芽。叶芽着生于3级分枝以内或在枝条的基部,呈棱形,发育成枝梢。花芽芽体饱满,呈椭圆形,着生在1年生枝梢的中上部。花芽实质是一个混合芽,芽体内既有花器的原始体又有枝梢的原始体,所以青花椒的芽大多为混合芽。根据活动特性可分为营养芽和潜伏芽(又称隐芽)。营养芽发育较好,芽体饱满,着生在发育枝和徒长枝上,翌年春季萌发形成枝条。潜伏芽营养较差,芽体瘦小,着生在发育枝、徒长枝、结果枝的下部,潜伏时间长,多不萌发。但随着青花椒"强剪回缩修剪"技术的推广,修剪后的潜伏芽发育生长较快,翌年可以开花结果。

**3. 枝条**

花椒的枝条按其特性可分为发育枝、徒长枝、结果枝与结果母枝四大类。

(1)发育枝。由花椒营养芽发育而成,当年生长健壮,形成结果母枝。发育枝是扩大树冠和形成结果枝的基础,也是树体营养物质合成的主要场所。

(2)徒长枝。是由多年生潜伏芽在枝干折断或受到回缩刺激而萌发形成的,它生长旺盛,直立粗壮。徒长枝多着生在树冠内膛和树干基部，生长快，组织不充实，消耗养分多而影响树体的生长，不易结果，通常徒长枝在结果盛期以前多不保留，只有在衰老期更新树冠才得到利用。

（3）结果枝。是由混合芽萌发而成的，着生在果穗的枝条，因青花椒的芽大多为混合芽，所以在花芽分化时期受营养状况的影响较大，营养过多将抑制生殖生长，也就是说花芽分化时期混合芽长成叶芽，而不长成花芽。

（4）结果母枝。着生结果枝的枝条称结果母枝，结果母枝抽生结果枝的能力与其长短呈负相关，与其粗壮程度呈正相关。短而粗的结果母枝抽生结果枝的能力强，且结果枝健壮，枝芽营养饱满。

### 4. 花芽分化

花芽分化是指混合芽在树体内有适宜的养分，在外界环境的刺激下，向花芽转化的全过程。花芽生理分化期从上年11月已经开始，花芽形态分化一般在2月中旬至3月上旬结束，花蕾分化在3月下旬至4月上旬。花芽分化是开花结果的基础，花芽分化的数量和质量直接影响产量。

### 5. 开花结果

花芽萌动后，先抽生结果枝，当新梢第一复叶展开后，花序逐渐显露，并随新梢的生长而伸展，发育良好的花序长约3～8 cm，有50～200朵花蕾，有的花序具有多达300朵以上的花蕾。花序伸展结束后1～2 d，花开始开放，一般在4月上旬开放，从花房显露到初花期约8～10 d。树体贮藏养分的多少影响开花坐果，外界因素的低温和虫害会引起落花落果。

### 6. 果实发育

柱头枯萎脱落后15～25 d，果实迅速膨大，体积生长量占全年总生长量的 80% 以上，之后的阶段主要是果皮增厚和种仁充实。

## 四、青花椒的年生长周期

青花椒的年生长周期可以划分为萌芽期、开花期、果实膨大期、成熟期、枝条生长期和休眠期。江津九叶青花椒喜热，适合在海拔 200～800 m 的坡地栽培，随着海拔的增加，青花椒年生长周期会逐渐推迟；一般海拔 500 m 以上每升高 100 m，推迟 10 d 左右。根据重庆市花椒气候生态区划研究，青花椒适宜栽培区区划指标为年平均气温≥16.0 ℃。江津区常年平均气温 18.4 ℃，日照时数 1 141.0 h，降水量 1 001.6 mm。花椒果实关键生长期（果实膨大期至成熟期）为 4 月至 7 月上旬，多年平均气温为 21～25.7 ℃，适宜的温度为江津青花椒的生长提供充足的热量资源；降水量为 462.8 mm，充沛的雨量及其在季节、月份上的分布，很好地满足了江津区青花椒各个生长发育阶段的生理需要（表 1 - 1）。

表 1 - 1 1998—2018 年江津区（海拔 300～400 m）青花椒各生长周期关键气象要素历史平均值

| 年生长周期 | 气温/℃ | 累积降水量/mm | 日照/h | 日较差/℃ |
|---|---|---|---|---|
| 萌芽期（2 月 7 日至 3 月 21 日） | 11.8 | 41.8 | 84.7 | 6.1 |
| 开花期（3 月 22 日至 4 月 5 日） | 15.7 | 26 | 38.6 | 6.9 |
| 果实膨大期（4 月 6 日至 5 月 31 日） | 21 | 216.4 | 226.5 | 8.1 |

（续）

| 年生长周期 | 气温/℃ | 累积降水量/mm | 日照/h | 日较差/℃ |
|---|---|---|---|---|
| 成熟期<br>（6月1日至7月15日） | 25.7 | 246.4 | 195.9 | 7.7 |
| 枝条生长期<br>（7月16日至10月31日） | 24.2 | 380.8 | 488.3 | 7.7 |
| 休眠期<br>（11月1日至翌年2月6日） | 10.4 | 90.2 | 107 | 4.6 |

在重庆市江津区，青花椒多种植在海拔 500 m 以下，一般 2 月上、中旬开始进入萌芽期，开花期一般为 3 月下旬至 4 月初，果实膨大期一直持续到 5 月底，6 月进入成熟期，一般 7 月完成鲜花椒的采收。由于采用主枝回缩修剪和采果，采收后树体进入枝条生长期，随着气温降低，11 月逐渐进入休眠期，直至翌年立春后再次进入萌芽期。

# 第二章
# 青花椒营养特性

## 第一节 青花椒生长发育的
## 必需营养元素

### 一、青花椒必需营养元素种类

九叶青花椒各部位检测出多种元素，包括碳（C）、氢（H）、氧（O）、氮（N）、磷（P）、钾（K）、钙（Ca）、镁（Mg）、硫（S）、铝（Al）、钠（Na）、铁（Fe）、锰（Mn）、铜（Cu）、锌（Zn）、硼（B）、钼（Mo）、氯（Cl）、硒（Se）等元素。据测定数据，在干物质中，组成九叶青花椒植物有机体的碳、氢、氧、氮4种元素约占95%以上，剩余的为钙、钾、硅、磷、硫、氯、铝、锰、锌、硼、铜、钼等几十种矿质元素只占1%～5%。

植物体所含元素很多，但目前确定为植物生长发育必需的营养元素只有17种。它们是碳、氢、氧、氮、磷、钾、钙、镁、硫、铁、锰、硼、锌、铜、钼、氯、镍。必需元素需要满足3个条件：

一是这种元素是完成植物生活周期所不可缺少的。二是缺少某种元素时呈现专一的缺素症，唯有补充它后才能恢复或预防。三是在植物营养上具有直接作用效果，并非由于它改善了植物生活条件所产生的间接效果。

在17种必需营养元素中，由于植物的需要量不同，又可分为下列3类：

第一，大量营养元素。大量营养元素一般占植物干物质质量的百分之几到百分之几十。它们是碳、氢、氧、氮、磷、钾、钙、镁和硫，其中氮、磷、钾3种元素由于土壤中的含量低，常不能满足作物的需求，要以施肥方式加以补充，因而被称为"作物营养的三要素"，或称"肥料三要素"。

第二，中量元素。即作物生长过程中需要量次于氮、磷、钾而高于微量元素的营养元素，一般占作物体干物重的0.1%～1%，通常指钙、镁、硫这3种元素。实际上青花椒对钙、镁元素的吸收量很高，超过对硫的吸收量。由于土壤和一些肥料中经常含有大量的钙、镁、硫，所以人们经常忽视这3种元素对植物生长的重要性。事实上，钙、镁、硫在植物体内具有非常重要而不可代替的生理功能。

第三，微量营养元素。微量营养元素有铁、锰、硼、锌、铜、钼、氯、镍8种。它们的含量只占干物质质量的十万分之几到千分之几。

## 二、必需元素的生理功能

### 1. 碳、氢、氧（C、H、O）

碳水化合物是植物营养的核心物质，它们占花椒树体干物质质量的90%以上，是花椒体内含量最多的元素。它们是构成有机化合物如糖类、蛋白质、脂肪等的结构元素。同时，氧和氢在植物体内生物氧化还原过程中起着十分重要的作用。

**2. 氮**（N）

氮是蛋白质的重要成分，蛋白质含氮 16%～18%。蛋白质是生命现象的物质基础，没有蛋白质就不会有生命现象；氮还是核酸的重要成分，而核酸是遗传信息的载体；氮也是叶绿素的组成成分，而叶绿素是光合作用所必需的；氮又是酶的构成成分，因此氮元素以酶的形式对植物代谢产生积极作用。除此之外，氮还是某些激素、维生素的成分。由此可见，氮在植物生命活动中占有首要的地位，故又称生命元素。

植物吸收的氮元素，主要是无机态氮，即铵态氮和硝态氮，也可吸收利用小分子的有机态氮，如尿素等。

**3. 磷**（P）

磷是核酸的重要组成元素，而核酸又是核蛋白的重要组成部分，核蛋白存在于细胞核和原生质中，染色体也是由核蛋白组成的；磷也是磷脂的组成成分，磷脂是生物膜重要的结构物质，生物膜则是保证和调整物质出入细胞的通道，它对物质出入具有选择性，从而调节了生命活动；磷还是核苷酸的组成元素，核苷酸及其衍生物又是许多生物活性物质的成分。磷积极参加植物体内各种代谢，光合作用中光合磷酸化需要磷参加，磷还促进碳水化合物的合成与代谢，提高体内可溶性糖的含量。糖的运输也需要磷，试验证明，碳水化合物在体内以蔗糖磷酸酯的形态运转。磷还促进氮的代谢与脂肪的合成等。

磷通常以 $H_2PO_4^-$ 的形式被植物吸收。

**4. 钾**（K）

钾为许多酶的活化剂。生物体中约有 60 多种酶需要钾离子作活化剂，其中包括合成酶、氧化还原酶、脱氢酶、转移酶和激酶，这些酶参与光合作用、糖酵解、氮代谢过程。因此，钾是植物代谢不可缺少的元素。钾离子（$K^+$）进入保卫细胞后，降低了细胞的水势，水分大量进入细胞，使细胞膨胀，气孔开张，从而有利于二氧化碳进入叶绿体中，提高光合作用效率。钾能增强作物细胞生物膜的持水能力，维持稳定的渗透性，从而提高作物对干旱、霜冻和盐害等不良环境的抗逆性。钾还能促进糖和蛋白质的合成，降低体内低分子碳水化合物和含氮化合物的含量，使细胞壁增厚、机械组织发达，因此提高植物抗病和抗倒伏能力。钾常被认为是"品质元素"。

钾离子（$K^+$）是高等植物唯一普遍需要的一价阳离子，钾以离子形式被植物吸收。进入植物体内一般不构成有机物，呈游离态或吸附态。

### 5. 钙（Ca）

钙是构成细胞壁的重要元素。植物体中大部分钙与果胶酸结合形成果胶酸钙使细胞强固；钙与原生质胶体状态和质膜透性的保持有关，即钙能降低原生质的分散性，增加其黏性，原因是钙能与磷脂分子桥连，使磷脂紧密联结成膜，发挥膜的生理功能。此外，钙还是某些酶的活化剂。钙能中和作物代谢过程中形成的有机酸，在花椒体内有调节 pH 的功效，能降低原生质胶体的分散度，有利于作物的正常代谢；钙还能与某些离子（如：$NH_4^+$、$H^+$、$Al^{3+}$、$Na^+$）产生拮抗作用，以消除其毒害作用；降低花椒果实的呼吸作用，增加花椒果实硬度，提高耐贮藏性。

植物主要以 $Ca^{2+}$ 的形式从土壤中吸收钙元素。钙在植物体内极难移动，故缺钙症状出现在新生组织的生长点。

### 6. 镁（Mg）

镁是叶绿素的组成成分，叶绿素含镁 2.7%，占植物体全镁的 10% 左右。植物缺镁时，叶绿素形成量减少，植物表现褪绿，光合作用速率下降。镁是很多酶的活化剂，已知由镁活化的酶不下几十种，被镁活化的酶，涉及碳水化合物、脂肪、蛋白质等物质的代谢和能量转化等许多生化反应。镁能促进脂肪和蛋白质的合成，能使磷酸转移酶活化，还能促进维生素 A 和维生素 C 的形成，提高花椒果实的品质。

镁以 $Mg^{2+}$ 的形态被植物吸收。镁在植物体内的移动性很大，再利用程度高，缺镁症状一般表现在下部叶片。

**7. 硫**（S）

硫是组成蛋白质的重要元素，一般蛋白质含硫 0.3%～2.2%。叶绿素成分中虽不含硫，但硫对于叶绿素的形成有一定影响，缺硫时，叶绿素含量降低，叶色淡绿。硫是固氮酶的组成成分，是某些植物油的成分，如芥子油和蒜油等。这些具有特殊气味的含硫化合物，对食品调味有独特的功效。

硫以 $SO_4^{2-}$ 形态被植物吸收，$SO_4^{2-}$ 进入植物体后，一部分仍保持不变，大部分被还原成 $S^{2-}$，进一步被同化为含硫的氨基酸，如胱氨酸。

**8. 铜**（Cu）

铜是植物体内多酚氧化酶、抗坏血酸氧化酶等多种酶的成分。因此铜与体内氧化还原反应和呼吸作用等有关。叶绿素中有较多的含铜酶，因此铜与叶绿素形成有关。同时铜又能使叶绿素和其他植物色素稳定性增强，从而有利于光合作用。缺铜时，叶片出现失绿现象，幼叶的叶尖因缺绿而黄化干枯，最后叶片脱落。果树和禾本科植物对铜敏感，易发生缺铜症状。

铜以 $Cu^{2+}$ 的形态被植物吸收。

**9. 锌（Zn）**

锌参与花椒体内生长素（吲哚乙酸）的合成，吲哚乙酸对分生组织的生长起重要作用。因为吲哚乙酸前身色氨酸的合成需要锌参与，缺锌时色氨酸减少，从而生长素形成量减少；锌还能促进光合作用，是碳酸酐酶的组成成分，碳酸酐酶在光合作用的二氧化碳（$CO_2$）固定中能力显著，$CO_2$ 进入气孔水化成 $H_2CO_3$，由碳酸酐酶使其分解产生 $CO_2$。锌还是多种酶如谷氨酸脱氢酶、苹果酸脱氢酶等的组成成分。这两种酶对植物体内的物质分解、氧化还原过程和蛋白质合成起着重要作用。因此，锌的适量供应，能促进植物体内物质代谢，对植物生长发育十分有利。

锌以 $Zn^{2+}$ 的形态被植物吸收。

**10. 铁（Fe）**

作物体内铁的含量一般占干重的 0.3％左右，比较集中分布于叶绿体中。铁是叶绿素形成不可缺少的元素，作物缺铁时因叶绿素不能形成而造成"缺绿症"，由于铁在植物体内很难转移而被再利用，所以"缺绿症"首先出现在幼嫩叶片上。铁还是铁氧还蛋白的重要组成部分，这种蛋白在光合作用电子传递系统中起电子传递作用。铁还是豆血红蛋白和细胞色素以及许多重要氧化还原酶的组成成分，豆血红蛋白在生物固氮中起着重要作用，细胞色素在呼吸和光合作用中起电子传递作用。

**11. 锰（Mn）**

锰参与光合作用中水的光解过程，其反应可表示为：

$$2H_2O \xrightarrow[\text{叶绿体、锰、氯离子}]{\text{光}} 4H^+ + 4e + O_2$$

锰是植物体内许多酶的活化剂，如己糖磷酸激酶、异柠檬酸脱氢酶等。锰还与叶绿体结构的维持有关，是维持叶绿体结构必需的营养元素，缺锰时叶绿体解体。

锰以 $Mn^{2+}$ 形态被植物吸收。

**12. 硼（B）**

硼不是植物体的结构成分，但具有重要的生理功能，硼对植物的生殖过程有影响。硼能加强花粉的萌发和花粉管伸长，有利于受精。植物缺硼时常表现"花而不实"。硼也能促进糖的运输，蔗糖通过细胞膜时和硼结合形成络合物，有利于通过细胞膜，加速糖的运输。因此，正常的硼元素供应，能改善植株各器官有机物的供应状况，促进作物生长发育，提高作物的结实率和果树的坐果率。

硼以 $BO_3^{3-}$ 形态被植物吸收。

**13. 钼（Mo）**

钼是植物中含量最少的一种微量元素，是硝酸还原酶的成分；硝酸还原酶通过电子传递使硝酸还原为亚硝酸，再还原为氨，有利于氨基酸形成。钼又是固氮酶的成分，参与生物固氮作用，没有钼，植物根瘤不能固氮。此外，钼还能增强叶片光合作用强度。植物缺钼时，氮的同化受到影响，各种植物缺钼时在外观表现的共同特点是植株矮小、生长缓慢、叶片失绿，类似缺氮。

钼以 $MoO_4^{2-}$ 形态被植物吸收。

**14. 氯（Cl）**

植物体内含氯量较高，氯离子不参与生化反应，但起着调节植物细胞渗透压和维持生理平衡的作用。氯对花椒叶片上气孔的开启和关闭有调节作用。大多数植物均可以从雨水和灌溉水中获得所需的氯。因此植物一般不表现出缺氯症。

氯以 $Cl^-$ 形态被植物吸收。

**15. 镍（Ni）**

镍在植物体内主要参与氮的代谢，不论是铵态氮还是共生固氮，镍对氮代谢都是必不可少的。同时，镍影响种子和根系的活力，镍还能增加氮元素和钾元素在植物体内的积累，减少磷素的积累，抑制植物对铁、锌、铜、锰的吸收等。

土壤中的镍主要以 $Ni^{2+}$ 的形式被植物吸收利用。

植物体内各种营养元素都有其独特的生理功能，它们在植物体中的含量可相差几十倍，甚至数百万倍，但它们在植物营养中没有重要和不重要之分，也就是说这些必需元素对植物的营养是同等重要和不可代替的。同时它们又必须相互配合、共同作用才能完成各项代谢活动。

# 三、营养失调症状

缺氮（N）表现为花椒树体瘦小，叶片发黄；蛋白质、核酸、磷脂等物质的合成受阻，影响细胞的分裂与生长；花椒生长矮小，分枝很少，叶片小而薄；花椒果实少且易脱落；成熟期提前，产量、品质下降。缺氮时影响叶绿素的合成，使枝叶变黄，叶片早衰，甚至干枯，从而导致产量降低；老叶先表现病症。因为花椒体内氮的移动性大，老叶中的含氮化合物分解后可运到幼嫩的组织中去重复利用，所以缺氮时叶片发黄，并由下部叶片开始逐渐向上。

花椒树缺磷（P）表现为树内细胞分裂受阻，生长停滞，植株瘦小苍老，分枝减少，幼芽、幼叶生长停滞，茎、根纤细，树体矮小，花果脱落，成熟延迟；根系发育差，易老化。缺磷时，花椒树体内蛋白质合成能力下降，糖的运输受阻，从而使营养器官中糖的含量相对提高，这有利于花青素的形成，故缺磷时花椒叶片呈现不正常的暗绿色或紫红色。磷在花椒体内易移动，能重复利用，缺磷时花椒老叶中的磷能大部分转移到正在生长的幼嫩组织中去。因此，缺磷的症状首先在下部老叶出现，并逐渐向上发展。缺磷植物的果实和种子少而小，产量和品质降低。

缺钾（K）表现为花椒树体抗性下降，纤维素等细胞壁组成物质减少，厚壁细胞木质化程度也较低。缺钾时花椒枝条柔弱，抗旱、抗寒性降低；表现为先从老叶的尖端和边缘开始发黄，并渐次枯萎，叶缘变褐、焦枯、似灼烧，叶片出现褐斑，最后叶脉之间的叶肉也干枯；由于叶中部生长仍较快，所以整个叶子会形成杯状弯曲或发生皱缩；叶表面叶肉组织凸起，叶脉下陷。钾也是易移动而可被重复利用的元素，故缺素症状首先出现在花椒枝条的下部老叶。

缺钙（Ca）表现为花椒树体生长受阻，节间缩短，植株矮小。钙在植物体内易形成不溶性钙盐沉淀而固定，所以它是不能移动和再度被利用的。缺钙时，枝条顶芽、侧芽、根尖等分生组织容易腐烂死亡，幼叶卷曲畸形；根常常变黑腐烂；花椒果实生长发育不良（由于果实的蒸腾量较小，缺钙时较易在果实上出现症状）。

缺镁（Mg）首先出现在低位衰老叶片上，表现为花椒树体矮小，生长缓慢；果实小或不能发育；下位叶叶肉为黄色、青铜色或红色，叶脉仍保持绿色，还会出现褐色或紫红色的斑点或条纹；症状先出现在老叶特别是老叶尖。缺镁大多发生在花椒生育中后期，尤其以种子形成后多见。

缺硫（S）表现为花椒生长受阻，尤其是阻碍营养生长，症状类似缺氮。植株矮小，分枝、分蘖减少，全株体色褪淡，呈浅绿色或黄绿色。花椒树体内硫不易移动，故缺硫症状的幼叶较老叶明显，叶小而薄，向上卷曲，变硬，易碎，脱落提早，树体生长受阻，株矮、僵直，树梢木栓化，生长期延迟。

缺铜（Cu）表现为花椒叶片顶端枯萎，节间缩短，叶尖发白，叶片变窄变薄，扭曲失绿，顶梢枯死，果实发育受阻、小果、裂果，称"顶枯病""枝枯病"。

缺锌（Zn）多表现在花椒幼嫩器官（锌在植株中有移动性）中，生长延缓，树体矮小，叶片失绿，叶片有灰绿或黄白斑点，叶小呈簇生状，根系不发达。

缺铁（Fe）表现为花椒树体内铁不能再度得到利用，缺铁症状从幼叶开始。作物缺铁时，主要是叶绿素受到破坏，新梢叶片失绿呈现黄白化，称"失绿症"或"黄叶病"，严重时，整个新叶变为黄白色。

缺锰（Mn）首先出现在花椒枝条上的幼叶（锰在作物体内不能再利用），新生叶片叶脉间绿色褪淡发黄，叶脉仍保持绿色，脉纹较清晰，缺锰严重时有灰白色或褐色斑点出现，称"黄斑病"或"灰斑病"。

缺硼（B）表现为花椒枝条顶端生长点不正常或停滞生长，根端、茎端生长停止，严重时生长点坏死，侧芽、侧根萌发生长，枝叶丛生；叶片粗糙、皱缩、卷曲、增厚变脆、皱缩歪扭、褪绿萎蔫，叶柄及枝条增粗变短、开裂、木栓化或出现水渍状斑点或环节状突起。在花椒体内含硼量最高的部位是花，因此缺硼常表现为"花而不实"，花期延长、结实效果很差、坐果率低、果实种子不充实。

缺钼（Mo）往往先在花椒树中部和较老叶片上呈现黄

绿色；叶片边缘枯焦卷曲呈环状、杯状，叶片变小，叶面带有坏死斑点（由于硝酸盐积累所致）。花椒树缺钼，叶脉间失绿变黄或出现黄斑，叶缘卷曲、萎蔫枯死，称"黄斑病"。

缺氯（Cl）表现为花椒叶片、叶尖干枯、黄化、坏死；根系生长慢，根尖粗。

# 第二节　青花椒的营养需求规律

## 一、全生命周期营养特点

九叶青花椒通常树体寿命 35 年左右，经济寿命 20~25 年，定植 2 年即可开始结果。种植前 5 年骨干枝延伸很快，分枝大量增加，树冠扩展迅速，结果量逐年提高。花椒全生命周期可分为种苗幼龄期、生长结果期、成年盛果期和结果衰老期 4 个阶段。

**1. 种苗幼龄期**

从种子萌发出苗到第一次开花结果这段时期，大田栽培主要以从苗木定植至开花结果为种苗幼龄期。青花椒的种苗幼龄期为 1~2 年，其特点是营养生长占优势，枝条生长量大，骨干枝、侧枝展开的角度小，比较直立，新梢生长量大，不太充实；根系由垂直生长逐渐转为水平生长，根幅迅速扩大。种苗幼龄期的修剪定干和肥水等栽培步骤十分关键，可以推迟或提早开花结果。加大肥水管理及过重修剪，可延长种苗幼龄期，推迟开花结果；合理的水肥管理、轻剪长放、拉枝开角可缩短种苗幼龄期，促使其提早开花结果。

**2. 生长结果期**

从开始开花结果至大量结果，再到稳定结果这段时期为生长结果期，一般为3~4年。这一时期，青花椒树体生长仍然很旺，树冠、根系不断扩大，分枝量增加，树梢和根端距离渐远，离心生长势减缓。枝条急剧增多，从营养生长逐步转为生殖生长，果实产量逐年递增，树体分枝角度逐渐张大，树冠大小趋于稳定，产量也趋于平缓。生长结果期应加强肥水管理，尽快培养主干枝和结果枝，保证树体健壮生长，为提高产量和获得高产奠定基础。

**3. 成年盛果期**

从果实产量达到高峰并持续稳产的时期，一般可以持续15年左右。此时期，树体生殖生长占主导，树冠体积达到最大，生长势逐渐减弱。这一时期的青花椒树体绝大部分枝条为结果枝条，多为每年新发小侧枝，大量开花结果。由于结果多，消耗营养物质也多，如果管理不善、营养失调，易出现结果大小年现象。在管理上，加强肥水管理、病虫防治和修枝整形，培养新的结果枝，延长成年盛果期年限，争取稳产、优质、高产。

**4. 结果衰老期**

这一时期为青花椒树体从生命活动衰退到产量显著减少，直至死亡的时期。根据青花椒树的生长规律，在结果衰老期，营养枝条以及根系增加量较少，最终树体吸收和制造的养料只能用于维护花椒树的生长。一般连续3年产量显著下降，需采取新植幼苗的方式开展花椒树更新操作。

# 二、年生长周期营养特点

成年盛果期的九叶青花椒年生长周期的养分需求量大小排序为氮（N）＞钾（K）＞钙（Ca）＞磷（P）＞镁

（Mg）＞铁（Fe）＞硼（B）＞锰（Mn）＞铜（Cu）＞锌（Zn），折算成每 1 000 kg 干果重，需氮 57.54 kg、钾 43.80 kg、钙 29.13 kg、磷 7.43 kg、镁 3.62 kg、铁 138.89 g、硼 85.74 g、锰 70.04 g、铜 46.69 g、锌 20.41 g。由图 2-1、2-2 可知，花椒氮（N）、磷（P）、钾（K）、镁（Mg）、锌（Zn）和硼（B）元素需求高峰期为萌芽期、果实膨大期、成熟期，其中叶片和果实器官需求最大。

由图 2-1、图 2-2 可以看出，随着年生长周期的推进，九叶青花椒氮、磷、钾、钙、镁、铁、锰、铜、锌、硼 10 种元素的累积量均表现为递增的趋势，在成熟期达到最大，其中对氮、钾、钙和铁的吸收累积较多，且当年生部位的累积量在其中占主导地位。

在图 2-1 中，枝条、叶片和果实的氮累积量在各时期呈逐渐增加的趋势，但枝条生长期到开花期略有下降，最终都在成熟期达到最大累积量。从枝条生长期到成熟期树体氮元素累积总量范围在 54.19～154.88 g/株。成熟期新生部位氮累积总量为 111.48 g/株，其中果实的氮元素累积总量为 37.40 g/株，各部位氮累积量依次为叶片＞果实＞根＞枝条＞树干。后期新增加的氮主要分配在果实中。枝条、叶片和果实的磷累积量呈逐渐增加的趋势，在成熟期最大，不同的是枝条在开花期略有下降。从抽梢到成熟期磷元素累积总量范围在 3.78～16.78 g/株。成熟期新生部位磷累积总量为 14.18 g/株，其中果实的磷元素累积总量为 5.41 g/株，各部位磷元素累积量依次为果实＞叶片＞枝条＞树干＞根。后期磷主要分配在果实中。叶片和果实的钾累积量呈逐渐增加的趋势，在成熟期最大。从枝条生长期到成熟期钾元素累积总量范围在 17.89～103.88 g/株。成熟期新生部位钾累积总量为 92.63 g/株，其中果实的钾元素累积总量为 39.00 g/株，各部位钾元素累积量依次为果实＞叶片＞枝条＞树干＞根，后期钾主要分配在果实中。枝条和果实的钙累积量在整个年生长周期呈逐渐增加的趋势。而叶片呈先增加后降低的趋势。从枝条生长期到成熟期钙素累积总量范围在 48.01～98.98 g/株。成熟期新生部位钙累积总量为 62.37 g/株，其中果实的钙元素累积总量为 12.91 g/株，各部位钙元素累积量依次为叶片＞枝条＞树干＞根＞果实。后期钙主要分配在枝条和叶片中。叶片和果实的镁累积量呈逐渐增加的趋势，在成熟期最大。从枝条生长期到成熟期镁元素累积总量范围在 2.89～9.23 g/株。成熟期新生部位镁累积总量为 7.17 g/株，其中果实的镁元素累积总量为 2.65 g/株，各部位镁元素累积量依次为叶片＞果实＞树干＞枝条＞根。后期镁主要分配在叶片和果实中。

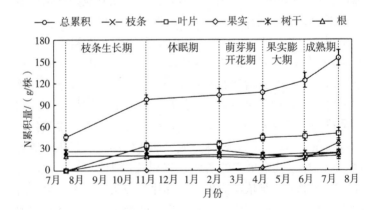

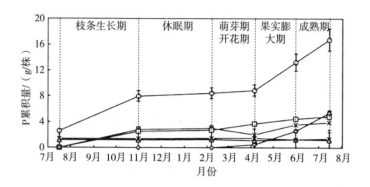

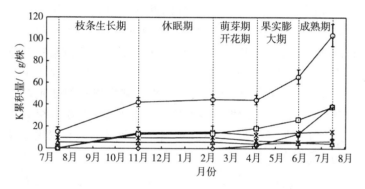

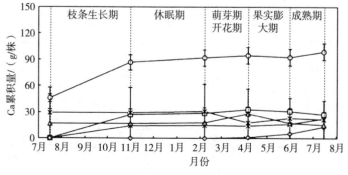

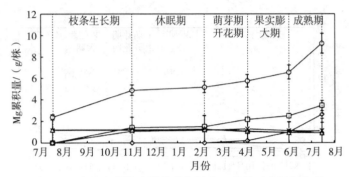

图 2-1 年生长周期九叶青花椒树大、中量元素累积分配

在图 2-2 中，枝条、叶片的铁累积量表现为先增后减的趋势，但枝条在果实膨大期又开始回升，其铁累积量分别在成熟期、枝条生长期达到最大。从枝条生长期到成熟期铁元素累积总量范围在 911.79～1 154.85 mg/株。成熟期新生部位铁累积总量为 265.23 mg/株，其中果实的铁元素累积总量为 81.53 mg/株，各部位铁元素累积量依次为根＞枝条＞树干＞叶片＞果实。整个年生长周期内，根是累积储藏铁的主要部位。

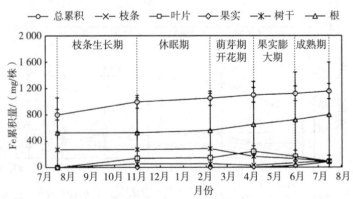

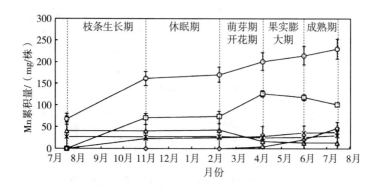

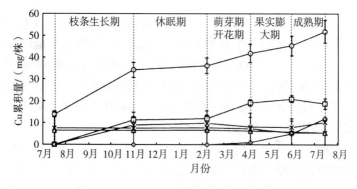

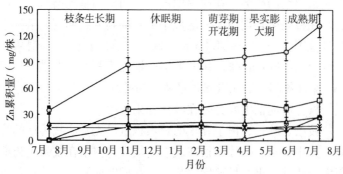

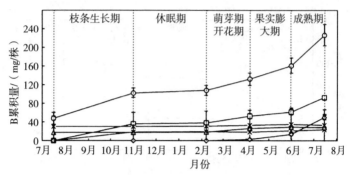

图 2-2　年生长周期九叶青花椒树微量元素累积分配

枝条和果实的锰累积量呈现出递增的趋势，均在成熟期达到最大。从枝条生长期到成熟期锰元素累积总量范围在 106.89～229.45 mg/株。成熟期新生部位锰累积总量为 186.04 mg/株，其中果实的锰元素累积总量为 46.82 mg/株，各部位锰元素累积量排序依次为叶片＞果实＞枝条＞树干＞根。后期锰主要分配在叶片和果实中。

枝条、叶片和树干的铜累积量呈先增后减再增的趋势，分别在成熟期、萌芽期到开花期、枝条生长期最大。此外，果实呈递增的趋势，在成熟期最大，而根则呈先增后减的趋势，在枝条生长期最大。从枝条生长期到成熟期铜元素累积总量范围在 16.14～51.85 mg/株。成熟期新生部位铜累积总量为 40.86 mg/株，其中果实的铜元素累积总量为 11.97 mg/株，各部位铜元素累积量依次为叶片＞果实＞枝条＞树干＞根。后期铜主要分配在叶片和果实中。

枝条、叶片、树干和根的锌累积量呈先增后减再增的趋势，其中枝条、叶片和根在成熟期最大，树干在枝条生长期最大。此外，果实呈递增的趋势，在成熟期最大。从枝条生长期到成熟期锌元素累积总量范围在 50.18～131.88 mg/株。成熟期新生部位锌累积总量为 90.77 mg/株，其中果实的锌元素累积总量为 27.48 mg/株，各部位锌元素累积量依次为叶片＞果实＞根＞枝条＞树干。后期锌主要分配在果实和叶片中。

枝条的硼累积量呈先增后减再增的趋势，叶片的硼累积量呈递增趋势，均在成熟期最大，树干和根呈先减后增再减趋势，分别在枝条生长期、果实膨大期最大。此外，果实呈递增的趋势，在成熟期最大。从枝条生长期到成熟期硼元素累积总量范围在 76.69～226.74 mg/株。成熟期新生部位硼累积总量为 165.38 mg/株，其中果实的硼元素累积总量为 49.6 mg/株，各部位硼元素累积量依次为叶片＞果实＞树干＞根＞枝条。后期硼主要分配在果实和叶片中。

# 第三节　结果期青花椒的营养特性

## 一、根部营养

青花椒在地面根颈以下部分总称为根系，根系由主根、侧根和须根组成。主根由种子的胚根发育而成，但常因苗木移栽时被切断而不发达，其长度只有 20～40 cm。侧根是主根上分生出的 3～5 条粗壮而呈水平延伸的一级根，随着树龄的增加，不断加粗生长，且向四周延伸，同时分生小侧根，形成强大的根系骨架。须根是主根和侧根上发出的细而多次分生的细短网状根，粗度为 0.5～1.0 mm。从须根上生长出大量细短的吸收根，是青花椒吸收水肥的主要部位。

青花椒为浅根性树种，根系垂直分布较浅，而水平分布范围很广（图 2-3）。盛果期青花椒树的根系最深分布在1.5 m 左右，较粗的侧根多分布在 40～60 cm 的土层中，较细的须根集中分布在 10～40 cm 的土层中，也是吸收根的主要分布层。根系水平扩展范围在 15 m 以上，约为树冠直径的 5 倍左右，而须根及吸收根集中分布在树干距树冠投影外缘 0.5～1.5 倍的范围内。从青花椒根系分布特征看，须根和吸收根虽水平分布范围较广，但垂直分布较浅。

图 2-3 九叶青花椒根系剖面及分布

青花椒根系在一年中的生长变化因品种、树龄及环境条件的不同而异，但同一品种在同一地区，其根系生长强弱随土壤温度和树体营养的变化而变化。当春季土温超过 8 ℃时，根系开始生长，比地上部分萌动期早 15～20 天。青花椒根系一年中有 3 次生长高峰：3 月中旬至 4 月上旬为第一次生长高峰；5 月上旬至 6 月中旬为第二次生长高峰，生长量大且延续时间长，是全年发根最多的时期；果实采收以后的9月下旬至10月下旬为第三次生长高峰，此时因土温逐渐降低，新根生长量小。

## 二、叶片营养

青花椒为奇数羽状复叶，每一复叶着生小叶3～11片，多数为5～9片。小叶长椭圆形或卵圆形，先端尖。在同一复叶上顶叶最大，由顶部向基部逐渐减小。小叶的大小、形状和色泽因品种、树龄不同而异，同一品种则取决于立地条件的优劣和栽培技术的高低。一般情况下，立地条件好，栽培技术得当，树体生长健壮，叶片就大而厚且浓绿。叶片生长几乎与新梢生长同时开始，随新梢生长，幼叶开始分离，并逐渐增大加厚，形成固定大小的成叶，发挥光合作用。

枝叶形成的快慢、大小和多少，除与春季萌芽后的气温有关，还与前一年树体内贮藏养分的多少密切相关。一般来说，树体贮藏养分多，翌年春季枝叶形成速度就快，数量就多；相反，树体贮藏养分少，枝叶形成速度就慢，数量也少。每一枝条上复叶数量的多少，对枝条和果实的生长发育与花芽分化的影响很大。着生3个以上复叶的结果枝，才能保证果穗的发育，并形成良好的混合芽；着生1～2个复叶的结果枝，特别是只着生1个复叶的结果枝，其果穗发育不良，也不能形成饱满的混合芽，在冬季甚至枯死。因此，生产中既要促进生长前期新梢的加速生长，加速叶片的形成，又要加强中、后期叶片的保护，防止叶片过早老化，维持叶片的光合功能，促进树体养分的积累和贮藏。

## 三、树体营养

青花椒枝条按其特性可分为发育枝、徒长枝、结果母枝和结果枝 4 类。

发育枝，是由营养芽萌发而来。当年生长旺盛，其上形不成花芽，落叶后为一年生发育枝；当年生长中庸健壮，其上可形成花芽，落叶后转化为结果母枝。发育枝是扩大树冠和形成结果枝的基础，也是树体营养物质合成的主要场所。发育枝有长、中、短枝之分，长度 30 cm 以上为长发育枝，15～30 cm 的为中发育枝，15 cm 以下的为短发育枝。定植后到初果期，发育枝多为长、中枝；进入盛果期后，发育枝数量较少，且多为短枝，也很容易转化为结果母枝。

徒长枝，是由多年生树皮内的潜伏芽在枝、干折断或受到剪截刺激及树体衰老时萌发而成，它生长旺盛，直立粗长，长度多为 50～100 cm。徒长枝多着生在树冠内膛和树干基部，生长速度往往较快，组织不充实，消耗养分多，影响树体的生长和结果。通常对徒长枝在盛果期及其以前多不保留，应及早疏除；在盛果期后期到树体衰老期，可根据空间和需要，有选择地改造结果枝或培养骨干枝，更新树冠。

结果枝，是由混合芽萌发而来，顶端着生果穗的枝条。结果初期，树冠内结果枝较少，进入盛果期后，树冠内大多数新梢成为结果枝，且结果后先端芽及其以下 1～2 个芽仍可形成混合芽，转化为翌年的结果母枝。结果枝按其长度可分为长果枝、中果枝和短果枝。长度在 5 cm 以上的为长果枝，长度 2.5 cm 的为中果枝，2 cm 以下的为短果枝。各类结果枝的结果能力与其长度和粗度有密切关系，一般情况下，粗壮的长果枝坐果率高，果穗大；细弱的短果枝坐果率低，果穗小。各类结果枝的数量和比例，常因品种、树龄、立地条件和栽培技术水平不同而异。一般情况下，结果初期青花椒树结果枝数较少，而且长、中果枝比例大；盛果期和衰老期树结果枝多，且短果枝比例高。生长在立地条件较好的地方，结果枝长而粗壮；生长在立地条件较差的地方，结果枝短而细弱。

结果母枝，是由发育枝或结果枝在其上形成混合芽后到花芽萌发，抽生结果枝，开花结果这段时间所承担的角色，采毕果实转化为枝组。在休眠期，树体上仅有着生混合芽的结果母枝，而无结果枝。在结果初期，结果母枝主要是由中等健壮的发育枝转化而来。结果母枝抽生结果枝的能力与其长短和粗壮程度呈正相关。长而粗壮的结果母枝抽生结果枝的能力强，抽生的结果枝结果也多。

树干中蕴藏的养分较少，主要作为养分运输的工具。

## 四、营养临界期及最大效率期

采果前后由于主枝回缩修剪，为了快速促进新枝的抽发和生长，需肥量大，对氮肥需求量最大，应以速效性的高氮中磷中钾复合肥为主，在花椒采果前 10 d 左右施用下枝肥（又叫还阳肥、月母肥、发苗肥、催梢肥），用量占全年的40%左右。

10 月为了增加树体的贮藏营养，促进枝条的正常生长和花芽分化，施用秋基肥（又称越冬肥、复壮肥），以平衡性复合肥和有机肥较好，根据树势确定肥料用量，占全年的10%。

2—3 月是花芽形态生长初期，为了促进花芽形态分化及生长，应施用春肥（又称促花壮芽肥、萌芽肥、促花肥），选择高氮复合肥较好，用量占全年用量的20％左右，促进花芽形态和果穗的增大（图2-4）。

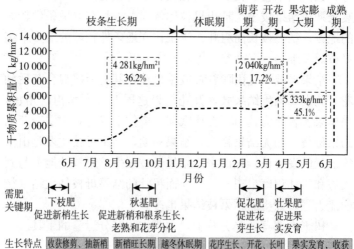

图2-4　九叶青花椒树不同时期养分积累曲线

### 1. 壮果肥

为了给青花椒幼果提供充足营养果实，在果实膨大期（4月中旬）施用壮果肥，以高钾复合肥为宜，施用量占全年的30％左右，保障果实的生长发育。

### 2. 养分需求量

九叶青花椒采取带枝采果的方式，故地上部养分带走量不仅包括果实，还包括枝条和叶片，每生产1 000 kg鲜花椒，氮的需求量为14.1 kg，$P_2O_5$ 的需求量约为3.51 kg，$K_2O$ 的需求量13.5 kg。N：$P_2O_5$：$K_2O$约为1：0.25：0.96。

### 3. 养分阶段性吸收规律

青花椒对营养元素吸收的速度和数量在年生长周期中差别很大。6月花椒收获之后，7月底开始新生枝条，8月至10月是枝条生长期，也是养分加速吸收期。11月至翌年2月中下旬，花椒进入休眠期，基本不生长。翌年3月开始萌芽，进入开花期，翌年4月初进入盛花期。翌年4月至6月为果实膨大期，需要充足的养分供应，这时候的养分来源主要是贮藏营养及入春以来的肥料供应（表2-1）。贮藏养分多，结果母枝粗壮，水肥供应充足，结果枝就生长健壮。

表2-1 青花椒年生长周期养分吸收特征

单位：kg/hm²

| 年生长周期 | 枝条生长期8月至10月 | 休眠期11月至翌年2月中下旬 | 萌芽期和开花期翌年3月至4月初 | 果实膨大期翌年4月至6月 |
|---|---|---|---|---|
| N | 100 | 11 | 43.3 | 89 |
| $P_2O_5$ | 11 | 0 | 8.5 | 6.6 |
| $K_2O$ | 80 | 0 | 30.2 | 85 |

### 4. 青花椒营养关键阶段

青花椒的年生长周期中最关键时期主要有两个，一个是8月至10月的枝条生长期，这时候主要是完成枝条生长及营养的贮藏；一个是翌年4月至6月的果实膨大期，需要大量的营养，土壤主要应提供钾肥改善果实品质。

# 第三章
# 青花椒园土壤营养特性

## 第一节　重庆市土壤环境概况

### 一、区域自然环境概况

重庆市位于 105°17′E—110°11′E 和 28°10′N—32°13′N，地处我国长江中上游地区。东邻湖北省、湖南省，南靠贵州省，西接四川省，北连陕西省；辖区东西长 470 km，南北宽 450 km，辖区面积 8.24 万 km²，下辖 26 个区、8 个县、4 个自治县。

重庆市年平均气温 16～18 ℃，长江河谷地区 18.5 ℃以上，东南部 14～16 ℃，东北部 13.7 ℃，四季明显；年平均降水 1 000～1 350 mm，多集中在每年 5～9 月；年日照时数1 000～1 400 h，日照百分率仅为 25％～35％。气候特点概括为：冬暖春早，夏热秋凉，四季分明，无霜期长；空气湿润，降水丰沛；太阳辐射弱，日照时间短；多云雾，少霜雪；光、温、水同季，立体气候显著，气候资源丰富，气象灾害频繁。重庆市地处湿润的亚热带，大陆性季风气候明显，植物自然分区特征表现为常绿阔叶林、次生针叶林、暖性针叶林、竹林和常绿阔叶灌丛等类型，以亚热带常绿阔叶林表现特征最为明显。

重庆市北有大巴山，东有巫山，东南有武陵山，南有大娄山。重庆市主城区海拔多在 168～400 m。市内最高峰为巫溪县东部边缘的界梁山主峰阴条岭，海拔 2 796.8 m；最低为巫山县碚石村鱼溪口，海拔 73.1 m，海拔高差 2 723.7 m。重庆地处青藏高原与长江中下游平原的过渡地带，地质构造分属川中纬向构造带、川黔南北构造带、川鄂湘黔隆褶带、大巴山弧构造带，地势东南高、西北低。地貌类型以山地、丘陵为主，山地面积占 76%，丘陵面积占 22%，河谷平坝仅占 2%。不同海拔的土地分布是：500 m 以下的 31 785 km²，占 38.61%；500～800 m 的 20 921 km²，占 25.41%；800～1 200 m 的 16 818.36 km²，占 20.42%；1 200 m 以上的 12 815 km²，占 15.56%。

## 二、主要土壤类型

重庆市土壤在特定的地质、地貌、气候、水文和植被条件下，具有明显的形成特点和分布规律，发育的土壤类型多样。依据重庆市土壤分类标准（DB50/T 796—2016 重庆土壤分类与代码），重庆市共有 5 个土纲、8 个亚纲、9 个土类、18 个亚类、37 个土属、94 个土种。主要土类有红壤、黄壤、黄棕壤、棕壤、石灰土、紫色土、草甸土、潮土、水稻土等土壤类型，其中面积比例最大的几个土类分别为紫色土、黄壤、石灰土和水稻土。

重庆市地处湿润的亚热带，大陆性季风气候显著，植被类型属常绿阔叶林或次生针叶林，在这种生物气候条件下，从我国土壤水平地带性分布来看，为黄壤地带。然而，重庆市土壤发育受地方因素，主要是母岩岩性的影响十分突出，致使不显地带性的区域土壤——紫色土占有相当的比重。从地理分布看，重庆市西部和中部丘陵地区，土壤的水平分布受地质构造和地层分布的制约，与地层展布密切相关，广布着紫色岩土发育的紫色土和新冲积母质发育的新冲积土壤。在中部与北部的平行岭谷区，隔挡式构造发育，背斜和向斜相间分布，出露岩层多样，因而由紫色土、石灰土、黄壤、潮土呈条带状相间分布；位于东部和南部的土壤处于石灰岩、砂岩和黄绿、灰色泥页岩分布区，分布着石灰土、黄壤、黄棕壤和草甸土。

土壤除水平分布外，还随海拔不同呈现垂直分布。海拔的高低，决定着地表水热的再分配水平，而水热条件变化又导致了植被类型的差异，从而表现出气候与植被的垂直变化特点，进而影响到土壤形成与分布。随着地势的增高，重庆市土壤垂直差异十分明显。从垂直分布看，沿河谷两岸分布着潮土，在海拔 500 m 以下的丘陵区，森林植被破坏殆尽，气温高，降水量大，土壤冲刷严重，紫色母岩在热胀冷缩的作用下，物理风化强，故分布着带有明显母岩特性的紫色土。海拔 350～650 m 的石灰岩槽谷区分布着石灰土，海拔 500～1 000 m 的低山和中山下部分布着因受区域水热的支配，明显反映出气候对土壤的形成产生深刻影响的地带性土壤——黄壤，在海拔 1 500 m 以上则分布着黄棕壤、棕壤和草甸土。

土壤的形成受地貌、母质、气候、水文等自然因素的影响。重庆市地形复杂，微地貌变化大，母质类型多样，出现不同的基带土壤和相应的垂直带谱，即紫色岩土壤地区镶嵌着零星的酸化、黄化的黄壤，而黄壤地区则分布着紫色土。就区域性看，重庆市西南地区中部紫色土地区土壤分布面积依次为紫色土—黄壤—石灰土—黄棕壤，而山地黄壤地区土壤分布面积依次为黄壤—黄棕壤—紫色土—石灰土—草甸土和红壤。

# 第二节　重庆市青花椒种植区典型土壤剖面性状

## 一、剖面样品的采集与分析

重庆市青花椒种植区域在渝西地区有江津、永川、合川、綦江、荣昌、铜梁、潼南、九龙坡、长寿等 9 个区（县），渝东北地区有巫山、忠县、丰都等 3 个区（县），渝东南地区有石柱、秀山、酉阳等 3 个区（县），共计 15 个区（县）。青花椒种植区主要分布在渝西地区，渝东北、渝东南地区青花椒种植区（县）相对较少。据 2017 年调查数据，15 个区（县）青花椒种植面积合计达到 114.23 万亩，从各区（县）青花椒种植面积看，各个区（县）面积相差较大，其中，面积较大的区（县）有：江津 50 万亩、酉阳 24 万亩、綦江 10 万亩、铜梁 9 万亩、丰都 6.5 万亩、永川 5 万亩、合川 3 万亩、石柱 1.5 万亩、忠县 1.3 万亩、长寿 1.1万亩、荣昌 1 万亩，面积较小的区（县）有：九龙坡 0.85万亩、巫山 0.46 万亩、秀山 0.32 万亩、潼南 0.2 万亩。青花椒种植区的主要土壤类型为紫色土、石灰土和黄壤。

因此，重庆市农业技术推广总站于 2020 年 6—7 月在重庆市青花椒种植区采集主要土壤类型的土壤剖面样品 14 个

（详见彩色插页）。14 个土壤剖面样品分别采自江津、潼南和酉阳 3 个区（县）。土样的采集方式为首先根据土壤发生分类学选择具代表性的土壤样点；然后在距离花椒树干 30 cm 处开挖土壤剖面；剖面开挖好后按土壤的发生层次，即耕作层（A）/心土层（B）/底土层（C），进行土壤环刀样品和常规分析样品采集，14 个剖面中有 7 个剖面只有 A—C 层，另 7 个剖面具有 A—B—C 层结构特征。另在部分土壤剖面开挖点附近的母岩出露区采集岩石作为该点土样的母质层（R）；环刀样品采回室内后立即测定容重、含水量和孔隙度等物理性质，常规分析样品采回室内后风干过 2 mm、1 mm 和 0.25 mm 筛备用。供试土壤剖面的基本信息如表 3-1 所示。土壤的发生学分类命名依据重庆市土壤分类标准（DB50/T 796—2016 重庆土壤分类与代码）确定。研究采集的 14 个土壤剖面中有 11 个紫色土，其中 5 个中性紫色土（灰棕紫泥土属和棕紫泥土属）、6 个石灰性紫色土（红棕紫泥土属）。紫色土的成土母质包括侏罗系蓬莱镇组（$J_3p$）的紫色泥岩和紫色砂岩、遂宁组（$J_3sn$）的紫色泥页岩和沙溪庙组（$J_2s$）的紫色泥页岩。另有 3 个剖面土壤为寒武系（ε）石灰岩发育的土壤，其中有 2 个土壤的发育程度较浅，分类为石灰土（石灰黄泥土属）、1 个为发育程度较深的黄壤（粗骨黄壤土属）。

表 3-1　供试土壤剖面样品的基本信息汇总表（详见彩色插页）

| 剖面编号 | 采样地 | 土壤类型 | 亚类 | 土属 | 土种 | 成土母质 | 剖面层次 |
|---|---|---|---|---|---|---|---|
| 1 | 江津区 | 紫色土 | 中性紫色土 | 棕紫泥 | 棕紫沙泥土 | 侏罗系蓬莱镇组（$J_3p$）紫色泥页岩 | A—B—C |
| 2 | 江津区 | 紫色土 | 石灰性紫色土 | 红棕紫泥 | 石骨子土 | 侏罗系遂宁组（$J_3sn$）紫色泥页岩 | A—C |

（续）

| 剖面编号 | 采样地 | 土壤类型 | 亚类 | 土属 | 土种 | 成土母质 | 剖面层次 |
|---|---|---|---|---|---|---|---|
| 3 | 江津区 | 紫色土 | 中性紫色土 | 灰棕紫泥 | 大眼泥土 | 侏罗系沙溪庙组（J₂s）紫色泥页岩 | A—B—C |
| 4 | 江津区 | 紫色土 | 中性紫色土 | 棕紫泥 | 棕紫泥土 | 侏罗系蓬莱镇组（J₃p）紫色沙岩 | A—B—C |
| 5 | 江津区 | 紫色土 | 石灰性紫色土 | 红棕紫泥 | 红棕紫泥土 | 侏罗系遂宁组（J₃sn）紫色泥页岩 | A—B—C |
| 6 | 江津区 | 紫色土 | 中性紫色土 | 灰棕紫泥 | 半沙半泥土 | 侏罗系沙溪庙组（J₂s）紫色泥页岩 | A—C |
| 7 | 江津区 | 紫色土 | 石灰性紫色土 | 红棕紫泥 | 红紫沙泥土 | 侏罗系遂宁组（J₃sn）紫色泥页岩 | A—C |
| 8 | 江津区 | 紫色土 | 中性紫色土 | 灰棕紫泥 | 半沙半泥土 | 侏罗系沙溪庙组（J₂s）紫色泥页岩 | A—C |
| 9 | 潼南区 | 紫色土 | 石灰性紫色土 | 红棕紫泥 | 石骨子土 | 侏罗系遂宁组（J₃sn）紫色泥页岩 | A—C |
| 10 | 潼南区 | 紫色土 | 石灰性紫色土 | 红棕紫泥 | 红紫沙泥土 | 侏罗系遂宁组（J₃sn）紫色泥页岩 | A—B—C |
| 11 | 潼南区 | 紫色土 | 石灰性紫色土 | 红棕紫泥 | 红棕紫泥土 | 侏罗系遂宁组（J₃sn）紫色泥页岩 | A—B—C |
| 12 | 酉阳县 | 石灰岩土 | 黄色石灰岩土 | 石灰黄泥 | 碗碗土 | 寒武系（ε）石灰岩 | A—C |
| 13 | 酉阳县 | 石灰岩土 | 黄色石灰岩土 | 石灰黄泥 | 石渣黄泥土 | 寒武系（ε）石灰岩 | A—C |
| 14 | 酉阳县 | 黄壤 | 黄壤性土 | 粗骨黄壤 | 扁沙黄泥土 | 寒武系（ε）石灰岩 | A—B—C |

# 二、剖面样品的主要指标与测定方法

共测定了土壤的 45 种土壤理化性质，主要指标的测定方法如下：

土壤容重：环刀法。

土壤 pH：电位法（土水比 1∶2.5）。

土壤电导率：电导法（土水比 1∶2.5）。

土壤有机质：重铬酸钾容量法—外加热法。

土壤碱解氮：碱解扩散法。

土壤有效磷：$NaHCO_3$ 提取—钼锑抗比色法。

土壤速效钾：$NH_4Ac$ 提取—火焰光度法。

土壤全氮：半微量凯氏定氮法。

土壤全磷：NaOH 熔融—钼锑抗比色法。

土壤全钾：NaOH 熔融—火焰光度法。

酸性土壤有效铁、有效锰、有效铜、有效锌：0.1 mol/L HCl 提取—原子吸收分光光度法。

中性及石灰性土壤有效铁、有效锰、有效铜、有效锌：DTPA 提取—原子吸收分光光度法。

土壤有效钼：草酸/草酸铵浸提—等离子体发射光谱法。

土壤有效硼：沸水提取—姜黄素比色法。

土壤有效硅：柠檬酸提取—钼蓝比色法。

土壤有效硫：纯水提取—$BaSO_4$ 比浊法。

土壤交换性钾、交换性钠：$NH_4OAc$ 交换—火焰光度法。

土壤交换性钙、交换性镁：$NH_4OAc$ 交换—原子吸收分光光度法。

土壤交换性酸、交换性氢、交换性铝：KCl 淋溶—中和滴定法。

酸性土壤阳离子交换量（CEC）：总和法。

中性和石灰性土壤阳离子交换量：草酸钾法。

土壤碳酸盐：量气法。

土壤全铁、全锰、全铜、全锌、全铬：微波消解—原子吸收分光光度法。

土壤全汞、全砷、全硒：微波消解—原子荧光分光光度法。

土壤全铅、全镉：微波消解—等离子体发射光谱法。

# 第三节 重庆市青花椒种植区土壤肥力特征

## 一、土壤剖面肥力特征

根据采集的 14 个代表性青花椒种植地土壤剖面样对重庆市青花椒种植区土壤的剖面肥力特征进行分析（表 3 - 2、表 3 - 3）。各剖面层次的土壤 pH 变幅较大，均值表现出底土层＞心土层＞耕作层。受耕作和施肥的影响，有机质、全氮、全磷、碱解氮、有效磷、速效钾在剖面层次中的均值含量表现出耕作层＞心土层＞底土层。根据 2005—2014 年的测土配方施肥项目数据，全国耕层土壤有机质含量均值为 24.65 g/kg，重庆市为 19.19 g/kg。而研究中青花椒地剖面 A—B—C 层的有机质含量均值分别为 17.3g/kg、9.67g/kg 和 8.10 g/kg，低于全国和重庆市的平均值水平，重庆市青花椒种植区土壤的有机质含量水平整体偏低。个别耕作层土样的碱解氮、有效磷、速效钾含量极高，耕作层土壤中碱解氮、有效磷和速效钾的最高值分别 672 mg/kg、529 mg/kg 和 738 mg/kg，远高于通常认为的土壤碱解氮、有效磷、速效钾高含量的标准。土壤全钾含量丰富，所有土样的全钾含量均大于

表 3 - 2 土壤剖面肥力指标测定结果统计分析

| | | pH | 有机质/(g/kg) | 全氮/(g/kg) | 全磷/(g/kg) | 全钾/(g/kg) | 碱解氮/(mg/kg) | 有效磷/(mg/kg) | 速效钾/(mg/kg) |
|---|---|---|---|---|---|---|---|---|---|
| 耕作层 n=14 | 变幅 | 4.40~8.30 | 9.40~33.80 | 0.87~2.88 | 0.67~2.38 | 22.90~32.90 | 28.70~672.00 | 2.67~529.00 | 55.00~738.00 |
| | 均值±标准差 | 7.00±1.60 | 17.30±6.90 | 1.39±0.57 | 1.11±0.56 | 29.60±2.80 | 133.00±172.00 | 108.00±154.00 | 361.00±252.00 |
| 心土层 n=7 | 变幅 | 4.10~8.40 | 5.20~18.80 | 0.58~1.28 | 0.38~0.73 | 24.20~32.60 | 19.10~206.00 | 0.69~24.80 | 36.00~343.00 |
| | 均值±标准差 | 7.30±1.70 | 9.67±4.70 | 0.80±0.23 | 0.61±0.12 | 29.20±3.18 | 58.20±66.60 | 7.09±8.12 | 91.70±111.00 |
| 底土层 n=14 | 变幅 | 4.10~8.40 | 2.50~23.30 | 0.40~1.63 | 0.32~0.88 | 25.60~35.10 | 11.50~170.00 | 1.48~23.60 | 35.00~563.00 |
| | 均值±标准差 | 7.40±1.40 | 8.10±5.00 | 0.76±0.30 | 0.61±0.13 | 29.70±2.95 | 39.90±40.90 | 5.70±5.82 | 114.00±161.00 |

表 3 - 3 土壤剖面有效中、微量元素和 CEC 测定结果统计分析

| | | 有效铁/(mg/kg) | 有效锰/(mg/kg) | 有效铜/(mg/kg) | 有效锌/(mg/kg) | 有效硼/(mg/kg) | 有效钼/(mg/kg) | 有效硫/(mg/kg) | CEC/(cmol/kg) |
|---|---|---|---|---|---|---|---|---|---|
| 耕作层 n=14 | 变幅 | 2.97~50.50 | 4.36~46.50 | 0.24~1.51 | 0.69~3.65 | 0.34~1.17 | 0.04~0.21 | 26.60~102.00 | 8.05~28.40 |
| | 均值±标准差 | 15.00±14.60 | 18.40±16.80 | 0.66±0.38 | 1.98±1.00 | 0.65±0.19 | 0.11±0.05 | 58.50±22.90 | 19.20±6.20 |
| 心土层 n=7 | 变幅 | 2.51~23.70 | 3.94~28.40 | 0.31~2.00 | 0.24~2.99 | 0.31~1.06 | 0.03~0.16 | 41.30~24 | 8.06~31.70 |
| | 均值±标准差 | 9.77±7.40 | 10.50±8.27 | 0.79±0.62 | 0.87±0.99 | 0.60±0.23 | 0.09±0.05 | 85.50±71.20 | 22.40±7.54 |
| 底土层 n=14 | 变幅 | 0.00~21.90 | 1.75~41.10 | 0.11~1.01 | 0.00~1.79 | 0.09~0.95 | 0.02~0.34 | 28.00~129.00 | 8.24~30.70 |
| | 均值±标准差 | 6.50±6.10 | 12.70±12.20 | 0.47±0.28 | 0.51±0.47 | 0.66±0.23 | 0.10±0.08 | 60.20±32.80 | 21.30±6.54 |

20 g/kg。除土壤有效铜外，有效铁、有效锰和有效锌的含量均值表现出耕作层含量远大于非耕作层，3 种有效微量元素的含量表现出表聚性，其原因可能与耕作层的农业耕作方式、施肥等人类活动有关。除有效锰在各土层中的含量较为丰富外，有效铜、有效锌和有效铁在花椒地剖面中的含量整体偏低。有效钼在土壤各层次中的含量变幅较大，含量均值在 3 个剖面层次中为耕作层略高于心土层和底土层。有效硼在各剖面层次中的含量差异不明显。有效硫和 CEC 在 3 个剖面层次无明显变化规律，均值大小为心土层含量略大于耕作层和底土层。

## 二、土壤剖面数据表

重庆 14 个代表性花椒种植地土壤剖面数据详见彩色插页。

# 第四节　青花椒园土壤养分特性

## 一、土壤 pH

土壤 pH 是影响土壤质量的一个重要化学指标，不仅影响植物对土壤养分的吸收，还影响土壤中铜（Cu）、锌（Zn）、铁（Fe）、锰（Mn）等金属元素的价态、迁移与转化。研究发现土壤 pH 6.5～7.5 时有利于作物对各种营养元素的吸收利用与生长发育。pH 过低或过高都不利于养分吸收，易造成肥料浪费，使土壤失去耕种价值，例如过酸会引起土壤板结、土壤微生物数量减少、不利于有机物分解等问题。

通过对重庆市九叶青花椒主产区 1 189 个土壤样点的分析，花椒园土壤 pH 测定结果显示，花椒园土壤 pH 变幅较大，范围为 3.8～7.9，平均 pH 6.0。其中强酸性（pH<4.5）、中等酸性（pH4.5～5.5）和弱酸性（pH5.5～6.5）土壤分别占 3.95%、25.1% 和 33%，酸性（pH<6.5）土壤占 62.1%。根据花椒对土壤 pH 的要求，有 37.9% 的土壤样品适宜（pH6.5～8.5）花椒生长。综上所述，重庆市九叶青花椒主产区土壤酸化较为严重。

## 二、土壤有机质

土壤中有机质含量的多少能直接影响土壤养分供应、土壤结构、土壤生态功能等土壤理化性状和生物学性质。有机质是土壤的重要组成成分，尽管土壤有机质占土壤总质量的很小一部分，但它是反映土壤肥力的综合指标。

重庆市九叶青花椒主产区土壤有机质均值为 14.2 g/kg，范围为 1.2～50.2 g/kg，主要分布在 6～10g/kg 和 10～20 g/kg "缺乏""极缺乏"两个范围内，各占土壤样点数的 13.4% 和 75.7%。中等（20～30g/kg）、丰富（30～40g/kg）和很丰富（>40g/kg）的比例小，共占总样点数的 9.0%。综上所述，重庆市九叶青花椒主产区土壤有机质含量处于缺乏水平。

## 三、土壤碱解氮

碱解氮包括无机态氮和结构简单、能为作物直接吸收利用的有机态氮，碱解氮可供作物近期吸收利用，故又称速效氮。碱解氮在土壤中的含量不够稳定，易受土壤水热条件和生物活动的影响而发生变化，但它能反映近期土壤的氮元素供应能力。碱解氮含量作为植物氮元素营养重要指标较无机氮有更好的相关性，所以常将它作为土壤氮元素有效性的指标。

重庆市花椒园土壤碱解氮含量范围为 $19 \sim 240$ mg/kg，平均值为 85.8 mg/kg。根据土壤碱解氮丰缺状况分级标准，花椒园土壤碱解氮缺乏（$<90$ mg/kg）的比例为 64.59%，其中极缺乏（$<30$ mg/kg）、很缺乏（$30 \sim 60$ mg/kg）和缺乏（$60 \sim 90$ mg/kg）比例分别为 0.59%、11.0% 和 53.0%。土壤碱解氮中等（$90 \sim 120$ mg/kg）、丰富（$120 \sim 150$ mg/kg）和很丰富（$>150$ mg/kg）的比例分别为 26.7%、6.22% 和 2.44%。综上所述，重庆市九叶青花椒主产区土壤碱解氮平均含量属于缺乏水平，且空间变异较大。

## 四、土壤有效磷

土壤中的磷可分为有机磷和无机磷两类，有机磷化合物为核蛋白、植酸、核酸和磷脂等。有机磷在微生物的作用下，经过矿质化逐渐转化为植物可利用的无机磷酸盐。土壤中的无机磷酸盐主要包括：水溶性磷化合物、弱酸溶性磷化合物与难溶性磷化合物。土壤全磷包括土壤有效磷和迟效磷，土壤有效磷只占土壤全磷很少的一部分，而土壤有效磷与土壤全磷有时并不相关。所以，土壤全磷不能作为土壤磷供应水平的确切指标，而有效磷是评价土壤磷元素供应能力的重要指标。

重庆市花椒园土壤有效磷含量平均值为 7.6 mg/kg，范围在 0.6~73.6 mg/kg，平均值为 7.6 mg/kg。77.2％的土壤有效磷在 0~10 mg/kg 的"缺乏"范围内，中等及以上范围（＞10 mg/kg）的样点比例为 22.8％。重庆市九叶青花椒主产区土壤有效磷平均含量属于缺乏水平。

## 五、土壤速效钾

土壤中钾的形态包括无效钾、缓效钾和速效钾，土壤全钾是这几种形态钾的总和，其中，无效钾占比例最高，所以土壤中的钾大部分是不能被植物利用的。土壤含钾量主要和该地区的母质、风化、成土条件、质地、耕作及施肥措施相关。土壤全钾量反映了土壤钾元素的潜在能力，土壤速效钾是评价土壤钾营养供应能力的重要指标。

重庆市花椒园土壤速效钾含量范围在 29.3~342 mg/kg，平均含量为 119 mg/kg。根据土壤速效钾含量丰缺状况分级标准，花椒园土壤速效钾缺乏（＜100 mg/kg）的比例为 44.6％。土壤速效钾中等（100~150 mg/kg）、丰富（150~200 mg/kg）和很丰富（＞200 mg/kg）的比例分别为 35.0％、10.5％和 9.84％。综上所述，重庆市九叶青花椒主产区土壤速效钾含量较为丰富。

## 六、土壤有效铁

铁是植物多种有氧呼吸酶（如氧化酶和固氮酶等）的重要组成物质，在植物光合、呼吸等部分过程中发挥着重要作用，进而影响作物的产量与质量。作物对土壤有效铁的吸收利用，是土壤对植物供铁能力的重要参考依据。

重庆市花椒园土壤有效铁含量范围为 0.06～448 mg/kg，平均含量为 27.8 mg/kg，处于很丰富的水平。根据土壤有效铁含量丰缺状况分级标准，花椒园土壤有效铁缺乏（<4.5 mg/kg）比例为 32.3%。土壤有效铁中等（4.5～10 mg/kg）、丰富（10～20 mg/kg）和很丰富（>20 mg/kg）的比例分别为 16.3%、15.6% 和 35.8%，土壤有效铁丰富及很丰富水平共占 51.4%。综上所述，重庆市九叶青花椒主产区土壤有效铁含量较为丰富。

## 七、土壤有效锰

锰在土壤中的存在形态包括残留态、有机态、氧化铁结合态、氧化锰态、交换态、水溶态，而对植物有效的主要是后三者，统称其为有效锰，它能很好地反映土壤的供锰强度。

重庆市花椒园土壤有效锰含量范围在 0.02～473 mg/kg，平均含量为 108 mg/kg，处于很丰富水平。根据土壤有效锰含量丰缺状况分级标准，花椒园土壤有效锰缺乏（<5 mg/kg）比例为 5.47%。土壤有效锰中等（5～15 mg/kg）、丰富（15～30 mg/kg）和很丰富（>30 mg/kg）的比例分别为 8.92%、7.40% 和 78.2%，土壤有效锰丰富及很丰富水平共占 85.6%。综上所述，重庆市九叶青花椒主产区土壤有效锰含量很丰富。

## 八、土壤有效铜

铜是植物生长必需的微量营养元素，它是植株中许多氧化酶的成分（如抗坏血酸氧化酶和酚氧化酶），铜酶系统是植物呼吸末端氧化过程中复杂的氧化酶系统之一，它参与植物呼吸过程；植株的含铜蛋白在光合作用过程中起电子传递作用；铜与植物叶绿素生成有一定关系；铜对氮代谢亦有影响，有效铜含量反映了土壤提供铜的强度，土壤中有效铜主要来自交换态铜（包括水溶态铜）和有机态铜（包括松结有机态铜和紧结有机态铜）。

重庆市花椒园土壤有效铜含量范围为 0.06～8.48 mg/kg，平均含量为 1.86 mg/kg，处于很丰富水平。根据土壤有效铜含量丰缺状况分级标准，花椒园土壤有效铜缺乏（<0.2 mg/kg）比例为 5.55%。土壤有效铜丰富及很丰富水平（>1 mg/kg）共占 67.1%。综上所述，重庆市九叶青花椒主产区土壤有效铜含量较为丰富。

# 九、土壤有效锌

锌是植物生长发育部位所需要的微量营养物质，是 300多种酶类的辅助元素，参与植物合成、光合作用、膜稳定性等活动，在许多生理生化过程中发挥重要的作用。

重庆市花椒园土壤有效锌含量范围为 0.02～47.9 mg/kg，平均含量为 4.22 mg/kg，处于很丰富水平。根据土壤有效锌含量丰缺状况分级标准，花椒园土壤有效锌缺乏（<0.5 mg/kg）比例为 14.0%。土壤有效锌中等（0.5～1.0 mg/kg）、丰富（1.0～3.0 mg/kg）和很丰富（>3.0 mg/kg）的比例分别为 6.64%、25.8%和 53.5%，土壤有效锌丰富及很丰富水平共占 79.3%。综上所述，重庆市九叶青花椒主产区土壤有效锌含量很丰富。

# 第四章
# 青花椒养分资源综合管理

　　本章主要对青花椒养分资源综合管理进行了阐述。了解和掌握施肥的基本原理、基本原则，熟悉青花椒测土配方施肥技术、叶片营养诊断施肥技术，为今后青花椒科学施肥提供理论依据和参考。

　　养分资源综合管理是传统的施肥理念在概念、内涵和目标等方面的拓展。在概念上，其核心特征是"养分资源"和"综合管理"；在内涵上，它不仅强调肥料的重要性，也注重各种养分资源的综合利用；在调控理念上，由传统施肥的肥料均衡施用向农田生态系统养分循环的动态管理转变；在目标上，养分资源综合管理的目标是协调高产、资源高效和环境保护，而不是单纯追求高产。第一，要厘清什么是养分资源。植物生产系统中，土壤、化肥、有机肥和环境所提供的所有养分统称为养分资源。养分资源既具有自然资源的属性，又有社会资源的属性。土壤养分资源是土地资源的组成部分，它和环境中以其他形式自然存在的养分同属于自然资源；而肥料养分是人类劳动的成果，又兼具社会资源的属性。第二，养分资源综合管理（IPNM 或 INM）是由联合国粮农组织（FAO）、国际水稻研究所（IRRI）和一些西方国家于 20 世纪 90 年代提出的，它的目标是综合施用各种植物养分，使产量的维持或增长建立在养分资源高效利用与环境友好，同时又没有牺牲后代土壤生产力的基础上。张福锁等将养分资源综合管理概括为：养分资源综合管理从农业生态系统论的观点出发，协调农业生态系统中养分投入与产出平衡、调节养分循环与利用强度，实现养分资源高效利用，使生产、生态、环境和经济得到协调发展。未来提高养分资源利用效率、实现生产与生态双赢必须从食物生产到消费完整体系入手，利用经济、技术和政策措施，综合管理人类在农田—动物—人体—环境中的养分利用行为。

# 第一节　施肥的基本原理

## 一、植物矿质营养学说

德国化学家、现代农业化学的倡导者李比希应用化学的方法研究了植物营养物质和能量的交换过程，1840 年在伦敦召开的英国有机化学会上，首次提出了植物营养的矿质营养学说，为化肥的生产与应用奠定了理论基础。

矿质营养学说的主要内容为：土壤中的矿物质是一切绿色植物的养料，厩肥及其他有机肥料对植物生长所起的作用，并不是因为其中所含的有机质，而是这些有机质分解后所形成的矿物质。该学说的确立，驳斥了过去占统治地位的腐殖质营养学说，建立了植物营养学科，明确了作物主要吸收离子形态养分，无论是化肥还是有机肥，其营养对植物同等重要，从而促进了化肥工业的兴起。然而，该学说对腐殖质的作用认识不够，这是在实践中应该注意克服和避免的。

## 二、养分归还学说

农作物生长必须不断地从土壤中吸取氮、磷、钾等各种养分，为了保持土壤的肥沃度，应向土壤中施入被农作物带走的各种养分，以保持土壤养分的平衡，但是施什么、施多少，这里都有许多科学道理。1840 年，李比希在伦敦的英国有机化学会上，以矿质营养理论为基础，提出了养分归还学说，亦称养分补偿学说。他认为：植物仅从土壤中摄取其生活所必需的矿物质，如果我们不正确地归还植物从土壤中所摄取的养分，土壤迟早会衰竭。要维持地力就必须将植物带走的养分归还于土壤。所谓"归还"，实质上就是在生物循环过程中通过人为措施实现对土壤亏缺养分的及时补充，如果不及时加以补充，则土壤肥力势必日益下降，作物产量也必将随之下降。

李比希提出的养分归还学说，归纳起来主要包括 3 方面内容：一是随着作物的每次生长收获，必然要从土壤中带走一定量的养分，随着收获次数的增加，土壤中的养分含量会越来越少；二是植物吸收和利用土壤中的矿物质，导致土壤中的营养元素缺乏，若不及时归还作物从土壤中带走的养分，不仅作物产量越来越低，土壤基础肥力也会逐渐下降；三是为了维持土壤中的养分平衡，提高农作物产量，应及时向土壤中补充带走的养分。养分归还学说并不是要求归还作物从土壤中带走的所有养分，绝对的全部归还是不必要的、不经济的。非必需元素可以不归还；作物吸收量少的、土壤中相对含量较多的元素，也可以不必每茬作物收获后立即归还，可以隔一定时期归还一次；一些微量元素肥料可以隔几年施用一次。另外，作物生长不但消耗土壤养分，同时也消耗土壤有机质，使用有机肥，不仅可归还作物所需的大量元素，还可归还其他种类的元素，可以均衡土壤养分，做到用地与养地相统一，是维持和提高土壤肥力的重要措施。

## 三、最小养分律

科学施肥以最小（或最少）的肥料量，获得最大的经济效益。它的理论基础是最小养分律。这是李比希在 1843 年又进一步提出的科学施肥原则。最小养分律的含义是：农作物产量的高低是由土壤中相对含量最低的一种养分决定的，这个养分称最小养分。因为农作物的正常生长需要各种营养元素，而它们之间又是相互促进相互制约的，假如某一种养分缺乏，即使其他养分再多也不能发挥作用，农作物的产量也不会再提高，只有补偿缺少的最小养分后，产量才能大幅度地增加。必须指出，最小养分不是土壤中绝对含量最少的养分，而是指土壤中作物生长需要的有效养分中相对含量较少、土壤供应能力相对较低的那种养分。最小养分并不是固定不变的，当施肥补充了原先的那种最小养分之后，其他含量较低的养分元素有可能成为新的最小养分。最小养分是当代施肥理论中一个重要原则，在农业生产中，如果单一施用一种肥料不仅不会增产，反而会造成减产。在实际生产中，"最小养分律"又被称为"限制因子律""最小因子理论"。最小养分律指出了作物产量与养分供应上的矛盾，表明施肥应有针对性。100 多年前李比希提出的这一卓越见解，作为农业发展的基本理论，至今仍不失其光彩。

20 世纪 50 年代，我国农田土壤普遍缺氮，氮就是当时限制作物产量提高的最小养分，所以那时增施氮肥，其增产效果极为显著；到了 60 年代，随着化肥工业的发展，农田中氮元素化肥施用量逐年增多，作物对氮元素的需要也初步得到满足。因而，再增施氮肥，就出现了氮肥效果不显著的现象，这时土壤供磷相应不足，于是磷就成了当时限制产量提高的最小养分，所以在施氮肥的基础上增施磷肥，作物产量就大幅度增加。进入 20 世纪 70 年代，由于产量水平不断上升，作物对养分的需要量也越来越多，在我国长江以南的酸性土壤上，钾又成为最小养分，在施氮、磷肥的基础上配合施用钾肥就可获得高产。

最小养分律指的是土壤养分因子，但自然界中影响农作物正常生长的因素，并不只限于养分因子。一般认为影响植物生长的基本环境条件有 6 个，即光照、温度、水分、空气、养分和机械支持，它们也都可能成为植物生长的限制因素。因此在 1905 年，英国学者布莱克曼把最小养分律扩展到养分以外的生态因子，提出了限制因子律。限制因子律的含义是："增加一个因子的供应，可以使作物生长增加，但是遇到另一生长因子不足时，即使增加前一因子也不能使作物生长增加，直到缺乏的因子得到补充，作物才能继续增长。"由于作物和环境条件是统一的，作物生长受多种因子制约，施肥只是作物获得良好生长、取得高产的综合因子中的一个因子。因此在施肥实践中，不仅要注意到养分因子中的最小养分，也不能忽视养分以外生长因子中供应能力较低因子的影响。

最适因子律是德国学者李勃夏 1895 年提出来的。他认为植物生长受许多条件的影响，各种条件变化的范围是很广的，而植物本身对条件变化的适应能力却是有限的，只有当影响生长的条件处于中间状态时，最适于植物生长，产量才能达到最高水平；当条件偏高或偏低时，不适于作物生长，产量就可能受到影响，甚至使产量等于零。

## 四、报酬递减律

18世纪后期，欧洲经济学家杜尔哥和安德森同时提出报酬递减律，后来一些学者把它移植到农业生产上来。目前对该定律的一般描述是：从一定土壤上所得到的报酬随着向该土地投入的劳动和资本量的增大而有所增加，但随着投入的单位劳动和资本量的增加，报酬的增加却在逐渐减少。报酬递减现象已为各地肥料试验结果所证实。例如马绍尔在《报酬递减律在农业中的应用》一书中曾经写道："无论农业技术的发展如何，对土地投入的资金和劳力不断增加，最终导致产量比初期降低。"赫尔和斯密斯在肥料教科书上也曾写道："对于限制因子的第一次投资是最有效的，以后连续投资时收效将渐次减少。"海罗芮格尔所做大麦氮肥施用量与产量关系的试验结果表明，随着氮肥施用量的增加，产量逐渐增加，而追施氮肥所增加的产量，开始是递增，后来是渐减，所以形成S形曲线，而不是像李比希所推断的呈直线相关。总之，尽管各个学者对报酬递减律的文字表述不尽相同，但其基本论点却是一致的。这就充分说明报酬递减律不仅是经济学上的一个基本法则，而且在农业化学方面也是指导施肥的基本理论之一。

生产实践证明，当施肥量在一个适量范围内，作物产量与施肥量之间的关系不是呈简单的直线相关，而是肥料报酬递减的模式。在施肥实践中，我们一方面要正视它，承认在一定条件下报酬递减率确实在起作用，方能避免施肥的盲目性，提高肥料的经济效益，通过合理施肥达到增产、增收的目的；另一方面我们也不应该消极地对待它，片面地以减少化肥用量来降低生产成本，而应研究新的技术措施，促进生产条件的改进，在逐步提高施肥水平的情况下，力争提高肥料的经济效益，促进农业生产的持续发展（图4-1）。

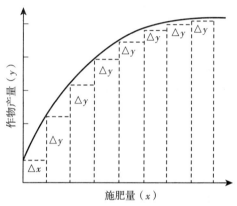

图4-1　作物产量与施肥量的关系

## 五、综合因子原则

我国土壤科学工作者在《中国土壤》一书中将土壤肥力描述为："土壤肥力为植物生长供应、协调营养条件和环境条件的能力"，并说明养分是营养因素，温度和空气是环境因素，水既是环境因素又是营养因素。作物要想生长良好，不仅要求各种肥力因素同时存在，而且必须处于相互协调状态。这一概念更加明确地指出了植物、土壤和环境三者的密切关系，强调了土壤对植物的供应与协调关系。我国著名土壤学家侯光炯教授在《中国农业土壤概论》一书中提出了土壤肥力的生物热力学观点，认为"土壤肥力是土壤持久稳定地供应植物水分、养分要求的能力"，这种能力的表现，是以复合胶体在太阳辐射能的周期变化影响下，土壤自动调节热、水、气、肥的功能和供应水分、养分的稳、匀、足、适程度。这一概念指出了土壤肥力是土壤对植物表现出的功能，衡量这种功能强弱的标准，是土层中热、水、气、肥周期性动态表现是否稳、匀、足、适地满足植物高产要求。

农业生产是一个较为完整的综合技术体系，施肥不是一个孤立的行为，而是农业生产中的一个环节，是农业生产中一项技术措施，而农作物高产则是综合因子共同正向作用的结果，只有把单一的施肥技术与综合的农业技术措施相结合，才能发挥肥料的增产效果。所谓综合因子就是指那些与作物生长发育有关的因素，如温湿度、光照、水分、养分、种子、空气、栽培条件等。

植物产量与环境因子的关系可用函数式表达：

$$Y = f(N、W、T、G、L) \tag{4-1}$$

式中，$Y$ 为植物产量；$N$ 为养分；$W$ 为水分；$T$ 为温度；$G$ 为 $CO_2$ 浓度；$L$ 为光照。

该函数式指植物产量是养分、水分、温度、$CO_2$ 浓度及光照的函数，要使施用的肥料发挥其应有的增产效果，必须考虑其他因子，即五大因子应保持一定的均衡性方能使肥料发挥其增产潜力，五大因子遵循乘法法则，以决定植物产量的高低。

综合因子作用律强调植株生长发育的好坏以及产量的高低取决于植株所处生长环境所有生长因子的适当配合和综合

作用，一旦超出这个综合作用的范围，就会抑制植株正常生长，最后降低产量。综合因子作用律可以理解为"水桶原理"，目标植物产投比的提高，取决于生长因子中不能满足植物生长和产量需要的一个因子，需要各个生长因子在一定范围内达到协调，目标产量才会显著增加。同时，综合因子作用律也是最小养分律在一定程度上的补充。

在施肥实践中，要根据作物种类、土壤肥力、气候条件，配合栽培措施，制定施肥方案。植物是核心，土壤是基础，气候是条件，施肥是手段，只有合理施肥，协调植物与土壤、气候之间的关系，才能发挥作物最大的生产潜力。综合因子原则的提出，充分解决了施肥与其他农事管理之间的关系，有利于挖掘农业生产潜力特别是肥料施用的潜力。

总之，作物施肥必须以综合因子原则为指导，才能获得高产、优质、高效。

# 第二节　施肥的基本原则

## 一、持续培肥地力（或有机无机配施）

肥力是土壤的最基本特征和属性，是提供作物生长所需要各种养分的能力。土壤的自然肥力在数量和质量上往往不能满足作物生长的需要，为了获得高产稳产，必须使作物生长在高肥力的土壤上，这就需要通过人类的生产活动对土壤进行培肥，人为创造肥力，以弥补自然肥力的不足和不协调。由于人类必须在短期内从土壤中获取大量收获物，土壤中的养分储藏量常常可以表现出供应脱节的现象。掠夺式的经营方式和不合理的耕地管理技术，土壤会在极短期内出现肥力迅速下降现象，导致土壤越种越瘦，产量越来越低。所以对农业土壤来说，必须施用肥料，以源源不断补充养分，提高土壤代谢能力，促进土壤肥力不断提升，作物产量持续增加，即农业土壤肥力取决于施肥技术。

种地与养地相结合是培肥地力的基本途径，但不是一套固定不变的技术，而是看天、看地、看庄稼、看耕制与栽培措施相结合的综合性技术。化肥虽然具有养分含量高、供肥速度快等优点，但长期单一使用或过量使用，也会给环境带来压力，有机肥料是培肥熟化土壤的主要物质基础，含有植物所需的各种养分，化肥与有机肥间还存在一种彼此促进的作用，有机肥与化肥配合，对提高土壤主要养分含量有良好作用，能促进有机肥料的矿化，延长化学氮肥的供肥时间，活化土壤中的磷元素，减少其固定，提高土壤中微量元素的有效性，可解决化肥供应中氮、磷、钾比例失调及中、微量元素不足等问题。有机与无机相结合，可以实现长短互补、缓急相济，在培肥地力措施上，要确保养分需求与供应平衡，在逐年提高单产的同时，使土壤肥力得到不断提高，达到培肥土壤、提高耕地综合生产能力的目的。

一株青花椒树施多少肥料合理，要根据青花椒树的需肥特点、树龄树势、结果多少、土壤肥力以及相关管理综合分析，做到适量施肥。一般从青花椒采摘后到翌年春季萌芽前均可施用有机肥，但以采摘后增施有机肥效果最好。所用肥料以腐熟或半腐熟的畜禽粪和人粪尿等农家肥料为主，施肥量根据树龄大小和产量高低确定。肥料的性质不同，青花椒的施肥方法也不同，有机肥肥效较长，适宜堆沤腐熟深施。速效性化肥，肥效较短，宜浅施。磷肥最好与有机肥料混合施用。钾肥在土壤中移动力弱，宜浅施。化肥和有机肥混合施用，土壤不易板结，有利于土壤中微生物的活动，加快有机质分解，增强土壤肥力。

种植绿肥作物也是补充青花椒园土壤有机质的方法之一，绿肥作物具有改善土壤结构、增强土壤肥力、减少土壤侵蚀的作用。绿肥作物大都具有强大而深的根系，生长迅速，可以吸取土壤较深层的养分，起到集中养分的作用，残留在土壤中的根系腐烂后，有利于改善土壤结构和增加土壤有机质含量。在坡地和沙地种植多年生绿肥作物，可以防风、固沙、保持水土。绿肥作物管理简单，对豆科绿肥作物宜施用磷肥。施磷肥可以增加鲜草产量和固氮量，可以起到"以磷换氮"的作用，绿肥作物压青或刈割的时期，应在鲜草产量和养分含量最高时进行，通常以初花期和盛花期压青或刈割为宜，在幼龄青花椒园或青花椒树覆盖率低的青花椒园，可以在青花椒树行间间作种植绿肥。土壤瘠薄的青花椒园，可采用培土增厚土层，起到保水、保肥、抗寒和抗旱等作用，同时也可增强供给树体生长所需养分的能力。培土一般在落叶后结合冬剪、土肥管理进行，培土高度因地而异，多在20～50 cm。宜选用高有机质含量的土用于培土，春季把这些土壤均匀地撒在园内，是一项以土代肥、简单易行的增产措施。

## 二、协调营养平衡

植物营养是施肥的基础，植物的营养成分非常复杂，通常由水分和干物质组成。一般新鲜植物中含水分75％～95％，干物质含量5％～25％，干物质中有机质占绝大部分，约占干物质含量的 95％，主要元素为碳（C）、氢（H）、氧（O）、氮（N）4 种，一般比例：C 45％、O 42％、H 6.5％、N 1.5％。现已确认对高等植物必需的营养元素包括碳（C）、氢（H）、氧（O）、氮（N）、磷（P）、钾（K）、钙（Ca）、镁（Mg）、硫（S）、铁（Fe）、锰（Mn）、铜（Cu）、锌（Zn）、钼（Mo）、氯（Cl）、硼（B）、镍（Ni）。这些营养元素在植物体内起到特殊作用，缺乏任一种必需元素时，作物均会出现独特的缺素症状，只有补充缺乏元素时，缺素症状才会消失；任何一种元素的独特功能均不能被其他营养元素替代，具有同等重要性和不可替代性。营养平衡是作物优质高产的基本保证，是协调作物营养的关键，要使作物保持营养平衡，必须通过平衡施肥来解决。平衡施肥根本目的就是通过施肥对土壤中各种营养元素的含量进行调节，达到最适宜作物生长发育的均衡水平，使农产品优质高效。植物生长需要的每一种营养元素都有独特作用，相互依存且不可代替，且土壤中氮、磷、钾等营养元素的损耗与归还保持动态平衡。平衡施肥技术是全世界主推的先进农业技术，平衡施肥能够最大限度地发挥作物的生产潜能，通过均衡作物营养，提高肥料利用率，降低生产成本，增加施肥效益。

青花椒是多年生木本植物，与一年生作物的营养特性有较大差异，青花椒正常生长结果需要多种营养元素，其中从土壤中能够吸收的营养元素有氮、磷、钾、钙、镁、硫等。生产中必须根据土壤状况，根据青花椒生长发育阶段，及时合理施肥补充所需养分，才能满足青花椒生长结果的需要。合理施肥特别是氮、磷、钾肥平衡施用，可促进碳氮代谢、生殖器官正常发育，有利于根系生长、开花受精和种子的形成，提高坐果率，对青花椒增产有显著效果。青花椒在年生长周期中，要经历根系生长、抽梢、开花、果实壮大、花芽分化等生命活动，这些活动都需要充足的养分供给，才能保证青花椒正常生长发育。青花椒在施肥方面与一年生作物不同，其施肥量受许多因子影响，不仅仅是作物本身的营养特性和土壤供肥能力，还因树龄和种植密度（每亩果树数）的差异而不同。在确定施肥量时，大多是按株计算的，也有在少数情况下按面积计算的。综合国内试验研究结果和青花椒施肥实践经验，其施肥量应按株计算，兼顾种植密度。

## 三、高产优质结合

施肥是提高作物产量和品质的一项极为重要的措施，合理施肥能够促进农作物优质高产，有利于农民节本增效，提高耕地质量。植物养分的均衡供应对改善植物产品品质有着极为重要的作用。如能把植物的养分供应调节到最佳水平，则可大大改善产品品质；反之，如果某种养分供应过多、不足或不平衡，则会明显降低植物产品品质。种植业生产中，要合理地运用植物营养的基本原理，采用有效的技术措施去协调"植物—土壤—肥料"的相互关系，因地制宜地制定施肥计划，才能获取高产、高效、优质的农业生产。

青花椒根系喜肥好气，土壤肥沃是满足青花椒健壮生长和连年丰产的基本保证，只有在各种养分得以满足的情况下，才能保证青花椒的生长和结果，实现连年丰产。因此，合理施肥是青花椒丰产优质的基本保证，也是提高青花椒产量和品质的重要措施，合理施肥，就是要做到适时施肥、适量施肥和采用适当方法施肥。青花椒适应性强，能在土壤较瘠薄的山地上生长结果，但往往生长缓慢、产量低、品质差。如果施肥得当，能使青花椒在幼树前期新梢生长快，叶片形成早、面积大，光合功能期长且旺盛，为树体的生长和花芽形成提供更多的营养物质。后期秋梢生长量小，减少了营养物质的消耗，有利于营养物质的积累和花芽的形成。在土壤有机质含量为 $1\%\sim3\%$ 的肥沃土壤中，在集中需肥期追施速效化肥可使青花椒生长快、结果早，获得连年优质高产。

## 四、肥料高效利用

我国是一个农业大国，肥料在我国农业生产中具有举足轻重的地位。长期以来，我国农民凭经验施肥，由于缺乏理论指导，存在一定的盲目性，容易造成肥料浪费。施肥结构不合理，养分施用不平衡，均会导致化肥利用率降低，这也是制约当前我国肥料高效利用的主要因素。在国家保护生态环境的背景下，科学施肥显得尤为重要。科学施肥是提高肥料利用率，实现肥料高效利用的最有效措施。随着近年来平衡施肥、配方施肥、精准施肥、环保施肥等一系列施肥新技术示范推广应用，科学施肥体系逐步建立，为肥料高效利用提供了科学保障。

施肥的种类、数量、时期合理与否，对青花椒树的生长结果情况有着直接的影响，施肥合理就要做到施肥量适当、施肥时间适时和施肥方法得当，才能充分发挥肥效。一株青花椒树施肥多少，要根据青花椒树的需肥特点，树龄树势、结果多少、外界条件以及椒园其他管理条件制定计划，同时施肥必须与土壤管理和灌水等措施相结合，肥效才能充分发挥。因此，制定青花椒施肥计划时，必须因地制宜，因树制宜，才能达到预期的效果。青花椒施肥一般可分基肥和追肥，基肥是一年中较长时期供应养分的基本肥料，通常以施迟效性的有机肥料为主，如腐殖酸类肥料、堆肥、圈肥、绿肥以及作物秸秆等。肥料施后，可以增加土壤有机质含量，改良土壤和提高土壤肥力。肥料经过逐渐分解，供青花椒树长期吸收利用。基肥也可混施部分速效氮肥，以增加肥效。为了充分发挥肥效，提高利用率，宜将过磷酸钙与圈肥、人粪尿等有机肥堆积腐熟，然后作为基肥施用。青花椒追肥是在基肥的基础上，根据青花椒树各物候期的需肥特点补给肥料，保证当年丰产和为来年丰产奠定基础。追肥一般在生长期进行，当树体营养消耗大、养分出现亏缺前，及时追肥补充。追肥应根据青花椒各物候期的特点及对肥料的要求，满足某一物候期或某一器官生长发育的需要。

## 五、生态环境友好

德国化学家李比希博士创立的植物矿质营养学说，开始了化肥工业的发展，正是依靠化肥工业的突飞猛进，世界农业才能提供基本满足人口膨胀和其他事业发展需求的粮食和原料。特别是中国，人均耕地只有 0.09 $hm^2$（2002 年数据），仅为世界人均耕地的 27.7%，以世界 9% 的耕地，解决了约占全球 21% 人口的吃饭问题，这一举世瞩目的成就，化肥所起的巨大作用是毫无争议的事实。施肥是农业生产中一个经常性的措施。然而，我国在肥料施用方面还存在着许多突出问题，偏施某一种肥料，不重视有机肥与无机肥的合理配合使用，造成肥料利用率低，生产成本高，环境代价大，土壤质量和农产品品质受到影响。肥料是把双刃剑，在大幅度提高作物产量的同时，不合理施肥也会给生态环境带来一定压力，是生态防治面临的一大难题。

在生产中，椒园土、肥、水管理的目的在于建立良性生态体系，减少污染，不断提高土壤肥力，增强树体的抗性，为生产优质青花椒奠定物质基础。青花椒同其他经济作物一样，存在大气、水质和土壤这 3 个方面的污染。新建椒园应尽量远离污染源，按照适地适树的原则选择青花椒建园地。适地适树就是使青花椒的生态学特性和建园的立地条件相适应，充分发挥其生产潜力。此外，也可在椒园建立小地域生态系统，即生态型椒园的配套体系，在一个椒园范围内，形成完整、合理的"生物链"，达到循环高效、连续利用的目的。

# 第三节　青花椒测土配方施肥技术

测土配方施肥来源于测土施肥和配方施肥，测土施肥是根据土壤中不同的养分含量和作物吸收量来确定施肥量的一种方法，如果对每一种养分都进行土壤测定，并根据作物吸收的多少确定出不同养分的施用数量，各种养分的配比自然也就有了。所以，测土施肥本身也包括配方施肥的内容，并且这样所得到的"配方"更确切、更客观。配方施肥除了要进行土壤养分测定，还要根据大量的田间试验，获得肥料效应函数等，这是测土施肥不采取的措施。测土施肥和配方施肥具有共同的目的，只是侧重面有所差异，所以也概括其为测土配方施肥。作物对养分的需要量一般比较稳定，不需要年年测定，而土壤中的养分储量由于受多种因素诸如挥发、淋失、固定、吸收等的影响，变化幅度相当大，需要经常测定，必要时，作物一个生长期中还需要测定数次，才能正确判断土壤中养分的含量，正确指导施肥。所以，土壤测定是测土施肥工作中的重要环节之一，只有客观地测定土壤养分含量，才能获得科学的数据，指导施肥方案的制订。测土配方施肥包括土壤养分测定、施肥方案的制订和正确施用肥料三大部分，具体可分为土壤测试、配方设计、肥料生产、正确施用等环节。

## 一、重庆市青花椒施肥现状

2017—2021 年，依托重庆市花椒测土配方施肥技术协作组，由重庆各区（县）协助进行典型农户的田间生产调研。调研内容包括青花椒当年的产量（以鲜重计）、种植密度、肥料用量、施肥次数及结果枝生长情况（如长度及单株结果枝条数）等，共获得有效农户生产问卷 225 份。重庆市内栽培品种多为九叶青花椒，种植密度一般为 1 200～2 000 株/hm²（坡地种植株行距多为 2 m×2.5 m，平地多为 2 m×3 m 或 3 m×3 m）。

调研农户青花椒的产量介于 1.5～18.8 t/hm²，其中 90%的农户产量集中于 2.79～15.2 t/hm²，即产量的第 5%分位数和 95%分位数分别为 2.79 t/hm²、15.2 t/hm²，二者的极差为 12.41 t/hm²，等产量间距则为 4.13 t/hm²。因此将青花椒产量水平从低到高依次划分为低产（< 6.92 t/hm²）、中产（6.92～11.1 t/hm²）、高产（>11.1 t/hm²）。重庆市青花椒农户产量水平及施肥情况如表 4 - 1 所示，农户青花椒产量范围为 1.50～18.8 t/hm²（鲜重），均值为

$8.66 \text{ t/hm}^2$；高、中、低产组的平均产量分别为 $13.6 \text{ t/hm}^2$、$8.85 \text{ t/hm}^2$、$4.53 \text{ t/hm}^2$，组间差异显著。椒农的施肥差异较大，氮、磷、钾肥的平均施用量分别为 N $283 \text{ kg/hm}^2$、$P_2O_5$ $182 \text{ kg/hm}^2$、$K_2O$ $237 \text{ kg/hm}^2$，比例为 $1：0.64：0.84$，各高、中、低产组间肥料施用量的差异显著，且变化趋势与产量变化相匹配（表 4-1）。

表 4-1　重庆市青花椒农户产量及施肥量

| 生产力水平/ $(t/hm^2)$ | 样本数/ 个 | | 产量/ $(t/hm^2)$ | 施氮量/ $(N \text{ kg/hm}^2)$ | 施磷量/ $(P_2O_5 \text{ kg/hm}^2)$ | 施钾量/ $(K_2O \text{ kg/hm}^2)$ |
|---|---|---|---|---|---|---|
| 高产（>11.1） | 56 | 均值 | 13.6 a | 465 a | 283 a | 365 a |
| | | 范围 | 11.2~18.8 | 118~979 | 79.4~703 | 97.5~866 |
| | | SD | 2.09 | 218 | 139 | 170 |
| 中产（6.92~11.1） | 98 | 均值 | 8.85 b | 254 b | 172 b | 222 b |
| | | 范围 | 6.96~10.9 | 0~667 | 0~525 | 0~667 |
| | | SD | 1.14 | 125 | 107 | 104 |
| 低产（<6.92） | 71 | 均值 | 4.53 c | 181 c | 115 c | 157 c |
| | | 范围 | 1.50~6.75 | 28.5~387 | 18.2~375 | 18.2~387 |
| | | SD | 1.55 | 80.9 | 71.2 | 74.7 |
| 合计 | 225 | 均值 | 8.66 | 283 | 182 | 237 |
| | | 范围 | 1.50~18.8 | 0~979 | 0~703 | 0~866 |
| | | SD | 3.71 | 180 | 124 | 140 |

注：N 指氮肥，$P_2O_5$ 指磷肥，$K_2O$ 指钾肥。同一列中不同小写字母表示产量分组间存在显著性差异（$P<0.05$）（邓肯多重比较检验）。

另外，江津区所有花椒主产地（先锋镇、白沙镇、油溪镇、吴滩镇、石门镇）共 5 个，每个乡（镇）选取 3 个主产自然村，对当地的 182 户花椒种植户进行入户调查。调查结果显示，重庆市九叶青花椒生产中，化肥氮、磷、钾平均投入量分别为 341 kg/hm²、216 kg/hm² 和 281 kg/hm²。有机肥氮、磷、钾平均投入量分别为 9.26 kg/hm²、3.85 kg/hm² 和 6.41 kg/hm²，分别仅占总养分投入量的 2.64%、1.75% 和 2.23%。单施化肥农户平均产量为 9.51 t/hm²，而有机无机配施农户平均产量为 11.2 t/hm²，较单施化肥农户产量多 17.77%。说明施用有机肥增产效果明显。

## 二、土壤样品的采集与处理

对测土配方施肥而言，采集有代表性的土壤样品非常重要。如果土样没有代表性，再准确的分析结果，也只是代表一个分析方法的好坏或一个实验室分析测定的准确程度而已，在实际中没有意义。一个没有代表性的土样测定结果用于指导施肥只能误导生产。所以土壤样品的采集必须具有代表性。由于土壤是一个很复杂的体系，土体各层次的组成以及植物根系在其中的分布状况不同，加之管理措施的不同，使得土体具有较强的时空变异性，这给采集有代表性土壤样品的工作带来了很大困难。据研究数据，在不同尺度上，土壤养分的变异程度不同。其中，地块内的土壤养分平均变异性为 18.77%，而地块间的土壤养分平均变异性为 39%，县、村之间的平均变异性为 66.3%。在中小尺度上，土壤养分变异程度相对较大的大部分是通过施肥进行补充的营养元素，而在大尺度上，土壤中的磷（P）、硫（S）、铁（Fe）和锰（Mn）相对变异性增加。在实际取样中，一般以大田平均样品为主，土壤分析测定需要的土壤样品很少，通常采取 1 kg 左右的土样，再从中取出几克或几百毫克进行分析测定；所以，要求其结果足以反映一定面积土壤的实际情况，就必须采取正确的取样方法，采集有代表性的土壤样品，这是得到正确分析结果的关键。

青花椒园地因种植密度差异较大，根据椒园植株情况和不同的生命周期应注意不同的采集方式（图4-2）。（1）成年盛果期园地。按梅花法等方法选择至少5棵代表性的青花椒树，每棵树在树冠垂直滴水线内、外侧约35 cm处各采集一个混样点；（2）种苗幼龄期园地。若幼龄树滴水线距离树干不足35 cm，则在以树干为圆心、半径50 cm的圆周上，采集2个混样点，2个混样点与圆心的连线夹角保持90°。土壤样品采集与制备、分析和数据汇总等内容参照农业农村部《测土配方施肥技术规范》执行，由江津区农业技术推广中心具体实施。数据来源于重庆市江津区2013年花椒园测土配方施肥数据。土壤样品采集依据典型性和代表性原则，按照"随机""多点混合"的要求，在每个花椒园采用S形布点选取采样树10株，采集距地表0～30 cm土层的土壤，将每个采样点的土壤混匀后，采用四分法取土样约500 g，

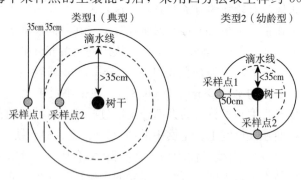

图4-2 青花椒园土壤采集方式

剔除石块、根系等杂质，过 2 mm 筛，测定土壤 pH、有机质、碱解氮、有效磷、速效钾、有效铜、有效锌、有效铁和有效锰 9 项指标。

# 三、青花椒施肥配方的确定

施肥配方（方案）的制订包括两个内容：一是确定作物整个生育期中各种肥料的施用总量；二是根据作物生长发育中对养分的需要规律，安排各种肥料的分配或施用时期。

施肥总量的确定是要根据作物的生育特点和从土壤中吸收养分的数量，参考土壤养分测定的数据进行计算，不同的作物对养分的需要量是不同的，不同的土壤其养分含量也有差异。所以，不同作物或同一作物不同地块的施肥量都不相同，只有在土壤养分测定的基础上，根据作物需要才能确定。

### 1. 九叶青花椒周年干物质累积规律

杨林生等分析了重庆市九叶青花椒年生长周期中新生部位不同器官的干物质及氮、磷、钾养分累积动态变化，结果表明，九叶青花椒的当年生部位干物质周年累积量高达 12 t/hm²，在壮果至成熟期新生部位干物质累积量最大，占总量的 1/3 左右；在抽梢至旺长期氮、钾元素累积量最大，分别占周年累积量的 37％和 36.5％；而磷元素在花序至壮果期累积量最大，占比高达 50％。与唐海龙等对西南地区竹叶椒的研究相比，九叶青花椒新生部位干物质累积量是竹叶花椒的 2 倍，周年氮元素累积量较竹叶椒多 45％，而在磷、钾养分周年累积量方面分别低 21％和 10％。九叶青花椒为多年生木本植物，因其独特的强回缩修剪方式，花椒树下一轮的生长非常依赖采果剪枝后树体树干和根系的贮藏营养，它促使新梢抽发，促使来年开花结果。

试验地概况与试验设计：试验于 2019—2020 年在重庆市江津区油溪镇的花椒种植基地进行，该地位于重庆市西南部，海拔 330 m，年均气温 18.2 ℃，年均降水量 1 034.7 mm，属于亚热带湿润季风气候。土壤类型为紫色土，0～20 cm 土壤基本理化性质为：pH 8.07、有机质 17.4 g/kg、全氮 1.6 g/kg、全磷 0.83 g/kg、全钾 18.6 g/kg、碱解氮 92.1 mg/kg、有效磷 11.9 mg/kg、速效钾 142.4 mg/kg。供试花椒品种为九叶青花椒，树龄 8 年，种植密度为 2 m×3 m。选择长势良好且均匀有代表性的花椒树挂牌标记，避免个体差异。小区施肥量为 N 300 kg/hm²、$P_2O_5$ 200 kg/hm²、$K_2O$ 167 kg/hm²，所用肥料在 2 月（N：30%，P：50%，K：30%）、4 月（N：30%，P：20%，K：10%）、6 月（N：20%，P：20%，K：20%）、9 月（N：20%，P：10%，K：40%）分次施用（当地推荐施肥量与施肥比例）。肥料均在花椒树滴水线处开沟施肥，其他管理措施一致。

采样及测定方法：取样时期如表 4-2 所示，分别于抽梢后 40 d、83 d、222 d、269 d、321 d 的这个关键生长期选取长势一致的花椒树进行全株破坏性采样，重复 3 次，共计 15 棵树。具体采样方法为：以树干为中心，沿树冠滴水线起挖，花椒根系深度约 15～25 cm，挖深 0.3 m 后，尽可能多地收集根系，直至完全挖去整株花椒树，将其按枝条、叶片、果实、主干和根 5 个部位，各部位分别迅速称取鲜重，装入自封袋中，冷藏备用；矿质元素测定样品采集方法为取各部位代表性鲜样 100 g 用去离子水清洗干净，晾干称鲜重后于烘箱内以 105 ℃高温杀青 30 min，65 ℃烘干至恒重，并称重记录。粉碎过 60 目

表4-2　九叶青花椒不同阶段干物质净累积量及累积速率

| | 萌芽期 | 枝条生长期 | 开花期 | 果实膨大期 | 成熟期 |
|---|---|---|---|---|---|
| 干物质累积量 | 0.14±0.05c | 1.87±0.43a | 0.5±0.39bc | 0.97±0.2b | 1.97±0.31a |
| 占总量比例 | 2.59±1.21d | 34.01±5.71a | 9.66±8.04c | 17.78±2.63b | 35.97±3.28a |
| 累积速率 | 3.44±0.24d | 46.64±3.71a | 3.55±0.31d | 20.68±1.67c | 37.81±2.51b |

注：同列数据后不同小写字母表示差异性达到显著水平（$P<0.05$）。下同。

表4-3　不同生育期九叶青花椒树各器官干物质累积量与分配比例

| 器官 | 萌芽期 累积量/(kg/株) | 比例/% | 枝条生长期 累积量/(kg/株) | 比例/% | 开花期 累积量/(kg/株) | 比例/% | 果实膨大期 累积量/(kg/株) | 比例/% | 成熟期 累积量/(kg/株) | 比例/% |
|---|---|---|---|---|---|---|---|---|---|---|
| 根 | 1.43±0.10c | 35.52 | 1.44±0.12bc | 24.44 | 1.59±0.05ab | 24.86 | 1.64±0.06a | 22.26 | 1.59±0.14ab | 17.03 |
| 枝条 | 0.12±0.01d | 2.86 | 1.27±0.09c | 21.52 | 1.26±0.12c | 19.70 | 1.59±0.07b | 21.64 | 2.01±0.11a | 21.59 |
| 叶片 | 0.22±0.02e | 5.52 | 0.91±0.06d | 15.37 | 1.15±0.11c | 17.91 | 1.33±0.05b | 18.03 | 1.68±0.10a | 17.99 |
| 果实 | — | — | — | — | 0.09±0.00c | 1.37 | 0.55±0.04b | 7.48 | 1.75±0.03a | 18.77 |
| 树干 | 2.26±0.06a | 56.09 | 2.28±0.15a | 38.67 | 2.31±0.14a | 36.16 | 2.25±0.11a | 30.58 | 2.30±0.16a | 24.62 |
| 树体 | 4.03±0.17d | 100.00 | 5.89±0.31c | 100.00 | 6.40±0.16c | 100.00 | 7.37±0.04b | 100.00 | 9.33±0.13a | 100.00 |

筛，装入自封袋中，备测。样品采用硫酸—过氧化氢（$H_2SO_4-H_2O_2$）法消煮，全氮用凯氏定氮仪测定，全磷用钒钼黄可见分光光度法测定，全钾用火焰光度计法测定；中、微量元素用硝酸—过氧化氢（$HNO_3-H_2O_2$）法消解，用电感耦合等离子体发射光谱仪（ICP-OES）测定。

试验结果：成年盛果期的九叶青花椒年生长周期养分需求量大小排序为氮（N）＞钾（K）＞钙（Ca）＞磷（P）＞镁（Mg）＞铁（Fe）＞硼（B）＞锰（Mn）＞铜（Cu）＞锌（Zn），折算成每 1 000 kg 干果重，需氮 57.54 kg、钾 43.80 kg、钙 29.13 kg、磷 7.43 kg、镁 3.62 kg、铁 138.89 g、硼 85.74 g、锰 70.04 g、铜 46.69 g、锌 20.41 g（参见本书第二章第二节）。

不同生育期九叶青花椒树各器官干物质累积量与分配比例见表 4-3，不同生育期九叶青花椒树各部位大、中量元素含量见表 4-4。

九叶青花椒树体各部位微量元素含量均值大小顺序为铁＞锰＞硼＞铜＞锌。随着生育期推进，果实中铁、锰、铜、锌含量均逐渐降低，而其余部位各微量元素含量呈波动性变化。其中，铁平均含量以根最高，平均含量为 512.86 mg/kg，是其余部位的 4.32～12.68 倍。其余微量元素含量均以叶片最高，树干最低，其中叶片锰、铜、锌、硼平均含量分别为树干的 3.13～7.24 倍。此外，根铁含量和叶片铜含量均呈"增高—降低—增高"的趋势；而叶片锰、锌含量呈"降低—增高—降低"的趋势；叶片硼含量呈"降低—增高"的趋势（表 4-5）。

表4-4 不同生育期九叶青花椒各部位大、中量元素含量

单位：g/kg

| 养分 | 器官 | 萌芽期 | 枝条生长期 | 开花期 | 果实膨大期 | 成熟期 |
|---|---|---|---|---|---|---|
| N | 根 | 16.21±0.50a | 13.96±0.45b | 13.03±0.38c | 13.98±0.42b | 13.54±0.59bc |
|  | 枝条 | 16.36±0.37a | 14.10±0.86b | 13.58±1.01b | 11.92±0.86c | 10.19±0.72d |
|  | 叶片 | 38.74±0.80a | 37.33±1.00ab | 36.37±1.58bc | 35.17±0.98c | 30.32±0.84d |
|  | 果实 | — | — | 39.57±0.78a | 28.45±0.46b | 21.35±0.45c |
|  | 树干 | 9.08±0.51b | 8.85±0.38b | 11.39±0.71a | 8.15±0.90b | 7.40±1.39b |
| P | 根 | 0.88±0.03a | 0.83±0.02b | 0.73±0.02d | 0.77±0.03c | 0.75±0.03cd |
|  | 枝条 | 3.36±0.13a | 2.23±0.15b | 1.62±0.03d | 2.25±0.12b | 1.95±0.08c |
|  | 叶片 | 3.84±0.25a | 3.04±0.11c | 3.12±0.07bc | 3.39±0.05b | 2.88±0.32c |
|  | 果实 | — | — | 5.36±0.14a | 4.77±0.34b | 3.09±0.17c |
|  | 树干 | 0.57±0.04ab | 0.61±0.03a | 0.64±0.04a | 0.58±0.03ab | 0.53±0.06b |
| K | 根 | 5.11±0.18a | 3.88±0.13b | 2.71±0.08e | 3.34±0.10c | 2.91±0.11d |
|  | 枝条 | 28.33±1.59a | 13.23±1.11b | 9.72±0.49c | 9.22±0.54cd | 7.70±0.62d |
|  | 叶片 | 24.64±1.10a | 15.41±1.65d | 14.90±0.82d | 19.72±0.77c | 22.73±0.79b |
|  | 果实 | — | — | 28.29±0.88a | 24.56±1.00b | 22.96±0.06c |
|  | 树干 | 4.96±0.28a | 4.19±0.13b | 3.03±0.12c | 2.55±0.10d | 2.48±0.11d |

（续）

| 养分 | 器官 | 萌芽期 | 枝条生长期 | 开花期 | 果实膨大期 | 成熟期 |
|---|---|---|---|---|---|---|
| Ca | 根 | 9.31±0.51d | 11.57±0.62c | 17.68±0.89a | 10.56±0.62c | 13.27±0.67b |
| | 枝条 | 8.42±0.73b | 10.90±0.38a | 11.35±1.05a | 10.19±0.94a | 11.18±0.62a |
| | 叶片 | 25.4±1.58bc | 29.98±1.62a | 26.99±1.46b | 23.34±0.48c | 16.04±1.24d |
| | 果实 | — | — | 11.76±2.13a | 9.28±0.85b | 7.37±0.14b |
| | 树干 | 12.48±1.52ab | 12.87±2.47a | 7.77±0.8b | 10.11±1.97ab | 11.81±3.69ab |
| Mg | 根 | 0.85±0.03b | 1.32±0.05a | 0.68±0.04c | 0.59±0.04d | 0.57±0.04d |
| | 枝条 | 1.16±0.03a | 1.19±0.10a | 1.03±0.09b | 0.71±0.01c | 0.53±0.07d |
| | 叶片 | 2.58±0.12a | 2.80±0.09a | 1.81±0.11c | 1.89±0.12bc | 2.05±0.20b |
| | 果实 | — | — | 2.18±0.07a | 1.82±0.03b | 1.51±0.04c |
| | 树干 | 0.43±0.04b | 0.55±0.01a | 0.44±0.03b | 0.43±0.02b | 0.42±0.08b |

### 表 4-5　不同生育期九叶青花椒树各部位微量元素含量

单位：mg/kg

| 养分 | 器官 | 萌芽期 | 枝条生长期 | 开花期 | 果实膨大期 | 成熟期 |
|---|---|---|---|---|---|---|
| Fe | 根 | 554.67±44.18a | 571.03±39.35ab | 441.65±23.71c | 492.48±30.63c | 504.48±40.78bc |
| | 枝条 | 35.01±4.81bc | 47.07±7.21a | 28.67±2.24c | 44.38±2.72ab | 47.10±5.63a |
| | 叶片 | 63.13±2.35 d | 147.36±11.58b | 200.70±7.21a | 126.98±2.29c | 55.11±5.86 d |
| | 果实 | — | — | 57.71±2.57a | 47.64±2.01b | 46.55±2.23b |
| | 树干 | 60.25±5.34b | 127.59±8.22a | 60.04±8.75b | 57.42±6.86b | 34.30±1.22c |
| Mn | 根 | 36.10±3.50b | 40.35±1.77a | 16.45±1.03c | 13.59±0.90c | 13.13±1.08c |
| | 枝条 | 23.84±1.32a | 18.33±0.80b | 22.72±1.57a | 23.16±1.87a | 18.62±1.40b |
| | 叶片 | 123.34±5.66b | 78.55±7.70 d | 111.09±8.21a | 88.64±2.93c | 60.75±3.40e |
| | 果实 | — | — | 44.66±4.18a | 37.22±3.48b | 26.72±1.10c |
| | 树干 | 17.99±1.35a | 12.08±1.03b | 11.00±0.28b | 11.49±1.11b | 11.35±1.07b |
| B | 根 | 14.34±0.47c | 12.36±0.49 d | 16.61±1.02b | 18.03±1.09a | 17.87±1.57a |
| | 枝条 | 16.37±0.72a | 14.52±0.77b | 14.41±1.00b | 13.35±0.41bc | 11.73±1.00c |
| | 叶片 | 67.02±5.18a | 40.14±3.45b | 46.35±9.51b | 46.51±5.98b | 48.80±6.00b |
| | 果实 | — | — | 29.44±1.73a | 24.53±1.44b | 28.28±2.06ab |
| | 树干 | 17.47±1.88a | 17.63±1.44a | 14.10±0.87ab | 16.63±0.81bc | 13.68±0.96c |
| Zn | 根 | 18.18±1.09a | 13.57±0.41a | 12.96±0.93b | 13.85±0.86b | 16.99±1.07a |
| | 枝条 | 11.23±0.63b | 12.54±0.53a | 10.95±0.63bc | 10.15±0.52c | 8.47±0.34 d |
| | 叶片 | 35.38±2.25b | 31.23±2.24a | 39.11±1.59ab | 28.21±2.54c | 27.57±1.05c |
| | 果实 | — | — | 25.83±3.22a | 21.53±2.69b | 15.68±0.91c |
| | 树干 | 6.68±0.74b | 10.84±0.99a | 6.47±0.96b | 6.07±0.43b | 5.30±1.00b |
| Cu | 根 | 4.33±0.14a | 4.45±0.19a | 3.92±0.24b | 3.61±0.25c | 3.46±0.21c |
| | 枝条 | 6.99±0.88a | 7.15±0.22a | 6.53±0.58a | 4.93±0.23b | 5.07±0.54b |
| | 叶片 | 12.72±2.09b | 12.47±0.73b | 16.82±0.35a | 15.79±0.61b | 11.13±1.22b |
| | 果实 | — | — | 10.92±0.38a | 9.10±0.32b | 6.84±0.31c |
| | 树干 | 2.79±0.27ab | 3.27±0.83a | 3.11±0.30a | 2.44±0.68ab | 2.07±0.22b |

九叶青花椒在整个生育期养分累积量大小为氮（154.88 g）＞钾（103.88 g）＞钙（98.98 g）＞磷（16.78 g）＞镁（9.23 g）＞铁（1 154.85 mg）＞锰（229.45 mg）＞硼（226.74 mg）＞锌（131.88 mg）＞铜（51.85 mg），折算成每生产 1 000 kg 花椒干果，需氮 57.54 kg、磷 7.43 kg、钾 43.80 kg、钙 29.13 kg、镁 3.62 kg、铁 138.89 g、锰 70.04 g、铜 20.41 g、锌 46.69 g、硼 85.74 g（表 4 - 6、4 - 7）。

表 4 - 6　周年大、中量养分累积和每生产 1 000 kg
花椒的大、中量养分累积量

| 养分累积量 | N | P | K | Ca | Mg |
|---|---|---|---|---|---|
| 每棵总量/g | 154.88±6.17 | 16.78±0.79 | 103.88±2.86 | 98.98±4.57 | 9.23±0.45 |
| 每 1 000 kg 花椒/kg | 57.54±1.15 | 7.43±0.15 | 43.80±0.87 | 29.13±0.58 | 3.62±0.09 |

表 4 - 7　周年微量养分累积和每生产 1 000 kg
花椒的微量养分累积量

| 养分累积量 | Fe | Mn | Cu | Zn | B |
|---|---|---|---|---|---|
| 每棵总量/mg | 1 154.85±4.7 | 229.45±3.51 | 51.85±2.32 | 131.88±4.28 | 226.74±7.51 |
| 每 1 000 kg 花椒/g | 138.89±2.77 | 70.04±1.40 | 20.41±0.41 | 46.69±0.93 | 85.74±1.71 |

由图 4 - 3、4 - 4 可知，随着生育期的推进，花椒树体氮、磷、钾、钙、镁、铁、锰、铜、锌、硼 10 种元素的累积量均表现为递增趋势，在成熟期达到最大，其中对氮、钾、钙和铁的吸收累积量较多，且当年生部位的累积量在其中占主导地位。氮、磷、钾、镁、锌、硼元素在旺长期和成

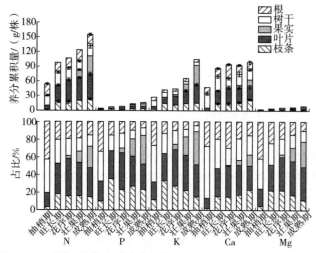

图 4-3 不同生育期九叶青花椒树大、中量元素累积分配与占比

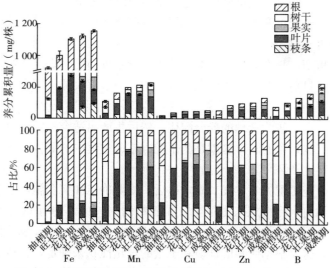

图 4-4 不同生育期九叶青花椒树微量元素累积分配与占比

熟期累积占比较高，平均分别为 31.46％和 38.29％，其中叶片和果实累积量较大。从分配占比来看，随生育期的推进，多年生部位（根、树干）的累积占比逐渐降低，成熟期最低，而当年生部位（主要为枝条、叶片、果实）的占比逐渐增加，成熟期最高。后期矿质元素主要分配在叶片和果实中。

**2. 施肥方案的制订**

施肥量确定以后，如何施用也要根据作物的生长特点和土壤肥力状况来确定，不同作物对养分吸收的特点不同，应具体问题具体分析，如一般作物需磷较多的时期在生育前期，所以磷肥一般宜在前期施用，作为基肥或种肥，土壤只要不严重缺磷，很少追施磷肥，这些都需要在了解作物的吸收特点后进一步确定，在制订施肥方案时还要掌握肥料的特性；有些宜作为基肥，有些宜作为种肥，有些宜于叶面喷施，有些宜于土壤施用，这些都需要统一考虑。

施肥量和肥料的分配都属于施肥方案的内容，它的正确与否不仅与作物产量有很大关系，而且与肥料的利用率也关系密切，只有正确的方案，才能指导合理施肥，提高作物产量。目前，在社会化的服务过程中，为了解决测土配方施肥过程中肥料配比的问题，一些厂家根据土壤养分测定的结果，提出较为合理的养分配比，然后生产出适合一定区域的复（混）合肥料，这就是测土配方施肥过程中的配方设计和肥料生产环节。

施肥配方（方案）确定以后，就要确定如何实施，也就是如何将肥料施入土壤中。在肥料的损失中，约有 60％是因为不正确的施肥方法。不同的肥料，其施用技术差异很大，这要根据肥料的性质和土壤的理化性状来确定，肥料能否被作物吸收、不损失，其关键是如何施用，施肥是生产中经常遇到且出现问题较多的环节。测土配方施肥是技术性很强的工作，田间试验、技术推广以及技术创新等研究都是测土配方施肥的必要内容。

# 四、青花椒"3415"田间试验

2018 年以来，连续 3 年，重庆市江津区等地在青花椒园高、中、低水平肥力土壤上累计开展了 33 个不同氮水平、磷水平、钾水平试验或者"3415"试验，研究不同施肥量对九叶青花椒生长发育、产量及品质的影响，探明最佳施氮量、施磷量和施钾量，建立九叶青花椒土壤肥料技术指标体系，为九叶青花椒产量和品质提升提供理论依据。

## 1. 试验设计

"3415"方案设计吸收了回归最优设计处理少、效率高的优点，是目前应用较为广泛的肥料效应田间试验方案。"3415"是指氮、磷、钾 3 个因素、4 个水平、15 个处理。4 个水平的含义：0 水平指不施肥，2 水平指当地推荐施肥量，1 水平（指施肥不足）＝2 水平×0.5，3 水平（指过量施肥）＝2 水平×1.5。处理 15，指在优化施肥基础上，施用有机肥 2.7 kg/株替代 20%的氮肥。每个处理 5 株，相当于30 m$^2$，不设置随机区组重复。水平地块上沿行/列分布，坡地上沿等高线分布。

**表 4 - 8　"3415"试验单株纯养分投入量**

单位：g/株

| 处理号 | 代码 | N | P$_2$O$_5$ | K$_2$O |
|---|---|---|---|---|
| 1 | N0P0K0 | 0 | 0 | 0 |

(续)

| 处理号 | 代码 | N | $P_2O_5$ | $K_2O$ |
|---|---|---|---|---|
| 2 | N0P2K2 | 0 | 120 | 100 |
| 3 | N1P2K2 | 90 | 120 | 100 |
| 4 | N2P0K2 | 180 | 0 | 100 |
| 5 | N2P1K2 | 180 | 60 | 100 |
| 6 | N2P2K2 | 180 | 120 | 100 |
| 7 | N2P3K2 | 180 | 180 | 100 |
| 8 | N2P2K0 | 180 | 120 | 0 |
| 9 | N2P2K1 | 180 | 120 | 50 |
| 10 | N2P2K3 | 180 | 120 | 150 |
| 11 | N3P2K2 | 270 | 120 | 100 |
| 12 | N1P1K2 | 90 | 60 | 100 |
| 13 | N1P2K1 | 90 | 120 | 50 |
| 14 | N2P1K1 | 180 | 60 | 50 |
| 15 | N2P2K2M（N2P2K2＋有机肥 2.7 kg 替代 20%N） | 144 | 120 | 100 |

## 2. 样品采集与检测

每年 6 月左右，对农户基本情况、施肥情况、施药情况等进行调查。每个试验采集基础土壤 1 个、植株样品 1 个和 1 个果实样品。

（1）基础土壤取样方法。沿滴水线取样，取土深度 0～30 cm。检测分析 pH，有机质，有效氮、磷、钾，有效钙、镁、铁、锰、铜、锌、硼、硒元素。

（2）植株样品和果实样品取样方法。每个试验选取 1 株有代表性的椒树，采摘完果实后称重，并取果实样品 1 kg；枝条和叶片混合称重，用粉碎机打碎后混匀取样 1 kg，测定植株和果实氮、磷、钾以及钙、镁、铁、锰、铜、锌、硼、硒元素（青花椒植株样品取鲜重）。

（3）"3415"试验。在青花椒果实成熟后，每个处理选取具有代表性的 3 株，分别测定果实、叶片、枝条鲜重产量，每个处理取 3 株混合样果实样品 1 kg、叶片 1 kg、枝条 1 kg。果实品质测定指标包括麻味物质、挥发油、醇溶类提取物、乙醚提取物。

**3. 测定方法**

将生育期烘干样品粉碎混匀待测，植株全氮、全磷、全钾利用硫酸—过氧化氢（$H_2SO_4 - H_2O_2$）法消煮后，用凯氏定氮仪测定全氮，用钒钼黄比色法测定全磷，全钾利用火焰光度计测定。植株钙、镁、铁、锰、铜、锌利用硝酸—高氯酸（$HNO_3 - HClO_4$）法消煮后，用原子吸收分光光度计测定。青花椒成熟期记录穗重、鲜样千粒重、干样千粒重、干皮重、单株产量。将青花椒果实晒干，除去种子及杂质。测定果实挥发油、麻味物质、甲醇提取物、乙醚提取物含量。其中麻味素按 DB50/T 321—2009 测定。

**4. 品质指数计算方法**

九叶青花椒果实品质是多个相关指标综合反映的结果，为了系统评价氮、磷和钾配方施肥对九叶青花椒产量与果实品质的影响差异，采用隶属函数法，对每个处理九叶青花椒果实品质对应指标进行转换。挥发油、麻味物质、醇溶类提取物、乙醚提取物含量等相关的指标数据转换公式为：$X(u) = (X - X_{min}) / (X_{max} - X_{min})$，将转化后的各处理九叶青花椒果实品质各指标的隶属函数值累加，分别求其综合值，值越大表示青花椒品质越高。果实收获指数＝果实干物质量/新生部位干物质量，反映了作物群体光合同化物转化为经济产品的能力，是评价作物品种产量水平和栽培成效的重要指标。

### 5. 结果展示

2019 年于江津区慈云镇的试验结果如表 4-9。通过多点多地测算，江津地区九叶青花椒的最优产量推荐施氮肥量为 14.44～22.00 kg/亩、施磷肥量 8.93～13.74 kg/亩、施钾肥量 6.57～11.77 kg/亩；最优品质推荐施氮肥量为 13.49～21.08 kg/亩、施磷肥量 9.53～11.35 kg/亩、施钾肥量 7.03～10.70 kg/亩。

**表 4-9 慈云镇"3415"不同施肥处理对产量、品质及果实收获指数的影响**（2019 年）

| 处理 | 产量/（kg/亩） | 品质指数 | 果实收获指数 |
|---|---|---|---|
| N0P0K0 | 319.50 | 1.02 | 0.37 |
| N0P2K2 | 390.50 | 1.52 | 0.34 |
| N1P2K2 | 459.50 | 1.01 | 0.27 |
| N2P0K2 | 396.50 | 1.04 | 0.34 |
| N2P1K2 | 428.33 | 2.50 | 0.32 |
| N2P2K2 | 560.83 | 3.44 | 0.31 |
| N2P3K2 | 493.83 | 1.92 | 0.33 |
| N2P2K0 | 403.00 | 2.50 | 0.30 |
| N2P2K1 | 516.00 | 1.66 | 0.37 |
| N2P2K3 | 357.00 | 2.09 | 0.25 |
| N3P2K2 | 475.50 | 2.08 | 0.34 |
| N1P1K2 | 385.83 | 2.59 | 0.31 |
| N1P2K1 | 339.33 | 2.31 | 0.23 |
| N2P1K1 | 438.33 | 1.94 | 0.22 |
| （N2P2K2+M） | 296.83 | 2.75 | 0.41 |
| 均值 | 417.39 | 2.02 | 0.32 |

综上，根据试验结果和施肥经验，重庆市青花椒测土配方施肥协作组给出了重庆市青花椒施肥推荐配方（2020 年度），在化肥减量增效的大背景下施肥次数由原来推荐的 4 次缩减为 3 次（表 4-10）。

表4-10　重庆市青花椒施肥推荐配方（2020年度）

单位：kg/亩

| 产量水平 | 有机肥料推荐用量 | 3～4月壮果肥 | | 6～7月促梢肥 | | 12月至翌年1月越冬肥 | |
|---|---|---|---|---|---|---|---|
| | | 推荐配方 N-P$_2$O$_5$-K$_2$O | 推荐用量 | 推荐配方 N-P$_2$O$_5$-K$_2$O | 推荐用量 | 推荐配方 N-P$_2$O$_5$-K$_2$O | 推荐用量 |
| <250（幼树） | 300 | 15-7-20 | 15～18 | 22-8-10 | 30～35 | 15-7-13 | 20～25 |
| 250～650 | 400 | 15-7-20 | 20～25 | 22-8-10 | 34～40 | 15-7-13 | 24～30 |
| 650～1 000 | 500 | 15-5-20 | 25～30 | 22-8-10 | 38～42 | 15-10-15 | 35～40 |
| >1 000 | 500 | 15-5-20 | 28～32 | 22-8-10 | 42～48 | 15-10-15 | 35～45 |

注：1. 有机肥料特指符合标准的商品有机肥；建议在树冠周围滴水处挖环状沟施用或条施，宽、深15～20cm为宜。

2. 对于缺素的椒园，补充钙、镁、锌、硼等中、微量元素，根据青花椒开花、坐果和膨大情况叶面喷施2～3次水溶肥，间隔7～10d。

3. 土壤pH小于5的椒园，每亩施生石灰100kg或土壤调理剂进行改良。

## 五、青花椒配方肥的施用方法

土壤施肥必须根据根系分布特点，将肥料施在根系分布层内，便于根系吸收，发挥肥料最大效用。青花椒的水平根一般集中分布在树冠外围稍远处，而根系又有趋肥特性，其生长方向常以施肥部位为转移。因此，对于青花椒施肥，不论是基肥或追肥都应施在距根系集中分布层稍深、稍远处，诱导根系向深广生长，形成强大根系，扩大吸收面积，提高树体营养水平，增强抗逆性。青花椒土壤施肥大致有以下几种方式：

第一，环状沟施肥。又叫轮状施肥。在树冠外缘20～30 cm处挖环状沟，施用有机肥沟深30 cm，施用化肥沟深10 cm左右，沟宽均以20～30 cm为宜。挖好沟以后，将肥料与有机肥混匀施入，覆盖填平。此法操作简便，但易切断水平根，一般适用于幼树。环状沟的位置应随着树冠的扩大而外移。

第二，半月形沟施肥。在树冠外缘开2条相对称的半月形沟，沟深、沟宽与环状沟施肥相同。

第三，条状沟施肥。在树冠外缘开2条相对称的或1条长条形沟，俗称双边沟或半边沟；沟深、沟宽与环状沟施肥相同。隔次更换调整施肥位置，此法比环状沟施肥伤根少。

第四，放射沟施肥。以树干为中心，挖4～6条放射沟。自树冠直径的1/2处向外挖，沟宽20～30 cm，从里向外逐渐加深。开沟的位置要逐年变换。此法伤根少。

对于矮化密植园，由于栽植密度大而已趋封行时，可全园撒施，再将肥料翻入土中或采取株（行）间、隔株（行）

开沟条施。

# 第四节　青花椒叶片营养诊断施肥技术

青花椒的生长发育是连续不断地从外界获取矿质营养的过程，每一种营养元素对青花椒的生理会带来不同的作用，当某一特定营养元素过多或过少均会导致营养失衡，使青花椒出现长势、产量、品质严重下降等问题。因此，从花椒本体营养情况进行诊断分析，是精准指导施肥，提高青花椒产量、品质的发展趋势。青花椒一年共经历6个生长周期，萌芽期（2—3月）、开花期（3—4月）、果实膨大期（4—5月）、成熟期（6—7月）、枝条生长期（7—10月）、休眠期（11月至翌年2月），不同的年生长周期，青花椒的叶片长势、成熟度、叶色等均存在差异，内含营养元素的含量不同，存在一定的营养演变规律，根据叶片营养诊断的标准判读是青花椒叶片营养诊断施肥技术的核心。

## 一、青花椒叶片营养诊断部位及时间

青花椒的叶片发展从7月下旬枝条生长期开始，经历休眠期、萌芽期、开花期、果实膨大期、成熟期，不同时期的枝条叶片的形态不同。为准确反映树体营养状况，采用S型路线选择采叶植株，采集植株数量以30~50株为宜。采集部位应在树冠中部与上部的东、西、南、北4面随机采集1年生枝条上部与中部发育的叶片（图4-5），每个方向采集5~8片叶，混合样品，经自来水冲洗、蒸馏水冲洗、烘箱烘干后，测定营养元素含量。

青花椒3月新叶替换时期　　　　青花椒花期　　　　　　青花椒挂果期

a

b

图4-5　青花椒不同时期叶片生长情况（a）
及叶片采集部位（b）

　　青花椒叶片中的营养元素在生长周期的变化规律性明显，产量的不同会引起叶片营养元素的变幅较大，对于叶片的采集最佳时期各说不一。Emmert 等人指出，以作物生长季节中叶片浓度变化最小的时期作为叶片采集的最适期，最能体现不同时期营养元素变化情况的主要依据为营养元素的变异系数，其指导青花椒叶片营养诊断样品采集部位的准确定位，高产的青花椒叶片营养元素与低产的青花椒叶片营养元素在生长周期内变异系数情况如表4-11、表4-12所示。

表4-11　不同月份高产青花椒叶片营养元素的变异系数情况

单位:%

| 元素 | 8月 | 9月 | 10月 | 11月 | 12月 | 翌年1月 | 翌年2月 | 翌年3月 | 翌年4月 | 翌年5月 |
|---|---|---|---|---|---|---|---|---|---|---|
| N | 3.9 | 10.9 | 4.3 | 6.3 | 7.4 | 11.0 | 11.5 | 9.9 | 8.6 | 11.1 |
| P | 10.5 | 13.5 | 5.8 | 15.8 | 11.6 | 9.6 | 14.4 | 23.8 | 15.6 | 15.4 |
| K | 6.8 | 14.8 | 8.1 | 15.2 | 4.9 | 10.6 | 16.5 | 17.8 | 15.3 | 19.5 |
| Ca | 23.1 | 18.7 | 9.5 | 32.0 | 32.3 | 8.9 | 10.1 | 11.1 | 22.2 | 24.2 |
| Mg | 14.2 | 12.2 | 10.1 | 11.7 | 11.6 | 9.7 | 11.3 | 8.0 | 10.0 | 15.2 |
| Cu | 17.8 | 11.9 | 11.6 | 17.5 | 13.7 | 27.5 | 24.1 | 24.2 | 24.7 | 29.2 |
| Zn | 15.8 | 24.4 | 15.3 | 15.1 | 10.7 | 23.6 | 21.8 | 20.6 | 26.2 | 14.4 |
| Fe | 24.7 | 13.5 | 13.5 | 17.7 | 32.1 | 52.1 | 27.0 | 29.0 | 33.3 | 30.8 |
| Mn | 64.6 | 73.8 | 46.6 | 55.7 | 55.6 | 49.7 | 51.9 | 46.7 | 58.3 | 58.9 |
| B | 26.2 | 52.4 | 21.0 | 39.9 | 28.4 | 19.3 | 30.2 | 19.2 | 26.3 | 26.7 |
| S | 27.9 | 24.9 | 18.9 | 37.4 | 45.9 | 12.3 | 32.0 | 23.2 | 29.0 | 23.8 |

表4-12　不同月份中产青花椒叶片营养元素的变异系数情况

单位:%

| 元素 | 8月 | 9月 | 10月 | 11月 | 12月 | 翌年1月 | 翌年2月 | 翌年3月 | 翌年4月 | 翌年5月 |
|---|---|---|---|---|---|---|---|---|---|---|
| N | 7.3 | 15.2 | 3.5 | 11.5 | 5.7 | 7.9 | 13.4 | 12.3 | 9.5 | 9.7 |
| P | 7.4 | 8.6 | 9.9 | 9.3 | 10.0 | 29.6 | 20.5 | 23.0 | 9.2 | 21.0 |
| K | 17.2 | 11.6 | 7.2 | 16.9 | 17.5 | 21.8 | 21.1 | 23.2 | 22.4 | 19.5 |
| Ca | 18.2 | 29.7 | 12.9 | 28.2 | 21.2 | 13.5 | 10.0 | 11.9 | 22.0 | 23.9 |
| Mg | 7.8 | 7.6 | 8.0 | 13.2 | 11.4 | 9.5 | 11.7 | 8.5 | 6.6 | 12.3 |

（续）

| 元素 | 8月 | 9月 | 10月 | 11月 | 12月 | 翌年1月 | 翌年2月 | 翌年3月 | 翌年4月 | 翌年5月 |
|------|------|------|------|------|------|------|------|------|------|------|
| Cu | 15.1 | 32.4 | 17.6 | 24.9 | 21.4 | 15.0 | 18.2 | 20.3 | 13.2 | 32.4 |
| Zn | 10.7 | 16.6 | 17.3 | 22.1 | 17.5 | 19.6 | 25.7 | 16.8 | 11.7 | 24.4 |
| Fe | 23.6 | 20.1 | 17.8 | 24.2 | 26.1 | 21.2 | 17.6 | 21.7 | 19.8 | 27.6 |
| Mn | 54.8 | 38.9 | 32.6 | 37.6 | 40.7 | 59.4 | 59.4 | 56.8 | 54.5 | 44.8 |
| B | 21.9 | 42.2 | 16.5 | 30.1 | 24.4 | 16.3 | 15.4 | 16.8 | 23.6 | 26.1 |
| S | 26.3 | 33.4 | 16.9 | 36.8 | 20.5 | 20.3 | 19.8 | 24.8 | 31.4 | 19.7 |

青花椒叶片营养元素随着生长季节的不同，含量存在差异性变化，高产花椒园中 N 3.9%～11.5%、P 5.8%～23.8%、K 4.9%～19.5%、Ca 8.9%～32.3%、Mg 8.0%～15.2%、Cu 11.6%～29.2%、Zn 10.7%～26.2%、Fe 13.5%～52.2%、Mn 46.6%～73.8%、B 19.2%～52.4%、S 12.3%～45.9%；中产花椒园中 N 3.5%～15.2%、P 7.4%～29.6%、K 7.2%～23.2%、Ca 10.0%～29.7%、Mg 6.6%～13.2%、Cu 13.2%～32.4%、Zn 10.7%～25.7%、Fe 17.6%～27.6%、Mn 32.6%～59.4%、B 15.4%～42.2%、S 16.9%～36.8%。

以叶片中营养元素的变异系数小或差异不显著就近月份的选择原则进行推算，建议将 10 月作为青花椒叶片营养诊断的采样时间。

## 二、青花椒叶片营养演变规律

青花椒的营养元素含量随着生长周期不同而出现变化，叶片中氮、磷、钾、铜、锌、铁、锰、钙、镁、硫、硼等营养元素的演变规律及特点如下（图4-6～图4-9）。

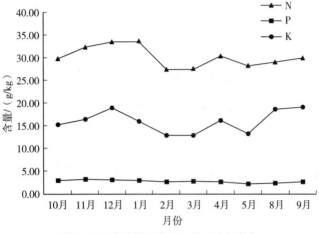

图 4-6　青花椒叶片 N—P—K 月变化

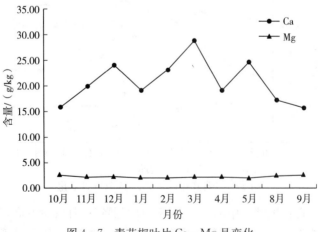

图 4-7　青花椒叶片 Ca—Mg 月变化

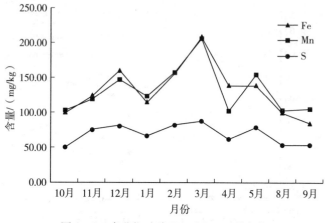

图 4-8　青花椒叶片 Fe—Mn—S 月变化

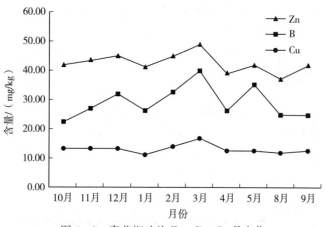

图 4-9　青花椒叶片 Zn—B—Cu 月变化

青花椒叶片中的 N 元素 10 月至翌年 1 月含量升高，翌年的 1—2 月含量下降，翌年的 2—4 月含量上升后趋于平缓；P 元素在青花椒整个生长周期含量稳定；K 元素10—12

月含量升高，12月至翌年3月含量下降，翌年的3—9月呈现梯度上升。

青花椒叶片中Ca元素呈现"波浪形"变化趋势，分别在12月、翌年3月、翌年5月呈现峰值；Mg元素同P元素一样，整个青花椒生长周期含量稳定。

青花椒叶片中Fe、Mn、S元素的含量变化趋势一致，呈"波浪形"变化，分别在12月、翌年3月、翌年5月出现峰值。

青花椒叶片中Zn、B元素的含量变化趋势与Fe、Mn、S、Ca变化一致，Cu元素的含量变化在翌年3月出现一个最高值，其余月份含量均衡。

青花椒叶片中的营养成分含量在生长周期的波动情况存在差异，但在其中的不同时期有一定相似性规律，为叶片营养诊断提供了科学性依据。

## 三、青花椒叶片营养诊断方法与技术

目前，对于植物本体的营养诊断分析技术主要有外观诊断法、植物组织液浓度快速诊断法、生物化学分析诊断法、叶片营养诊断法等4种。其中，外观诊断法主要依靠经验进行观察比较，方法简单易行，主观性较强，由于许多营养元素的障碍特征相似，易造成误诊；植物组织液浓度快速诊断法只能相对地判读营养状况，不能准确分析矿质元素含量的变化；生物化学分析诊断法主要针对树体的生理生化指标进行分析，不能反映树体营养状况；叶片营养诊断法主要将叶片中营养元素的含量与标准值对照，反映出树体的养分需求和分配规律，能准确参照施肥，是一项有效的花椒诊断方法。国际上常用的叶片营养诊断法主要有 4 种，即充足范围法（SRA）、诊断施肥综合法（DRIS）、适度偏差百分数法（DOP）、组分营养诊断法（CND），但在实际应用过程中以充足范围法和诊断施肥综合法应用最广泛。

**1. 充足范围法（SRA）**

国内外参照叶片矿质营养元素的标准值或适宜值范围对研究对象营养情况进行诊断的方法被称为充足范围法，可根据充足范围法的计算公式简单地计算出青花椒生长所需矿质元素的不同含量等级范围；参照充足范围法对花椒叶片营养元素的丰缺标准提出偏低、低、偏高、高、适宜等 5 个等级水平。可参照花椒的目标产量，以高、中产花椒树叶片矿质元素含量作为充足范围法的方法依据，对比苹果叶片营养诊断结果，提出青花椒的营养元素范围值：以高产花椒树体或对比当地花椒树体叶片营养元素含量的平均值作为计算依据，$\pm 0.524\ 6$ 倍标准差为最适含量范围，偏低范围指平均值 $-0.524\ 6$ 倍标准差到平均值 $-1.281\ 8$ 倍标准差之间的含量，偏高范围是平均值 $+0.524\ 6$ 倍标准差到平均值 $+1.281\ 8$ 倍标准差的叶片养分含量，缺乏范围指低于平均值 $-1.281\ 8$ 倍标准差的含量水平，过量范围是高于平均值 $+1.281\ 8$ 倍标准差的范围，即得到青花椒叶片营养诊断的标准。

**2. 诊断施肥综合法（DRIS）**

从植物营养平衡角度出发，以叶片中矿质元素的含量为数据来源，以 N/P、P/K、K/N 等 72 种形式的比值进行统计分析，分别计算青花椒在诊断期内高产、中产、低产小区各种形式条件下的平均值、方差、标准差、变异系数及方差比（$V_H/V_L$），并对方差比进行 F 值方差差异性检验，以高产花椒或目标花椒产量的各项指标作为参比指标，根据实际情况选择方差比值差异在 0.05 水平差异极显著的参数作为诊断参数。均以高产作为参照，比较中产花椒叶片和低产花椒叶片营养元素对于花椒贡献率的指标，计算出 DRIS 值，按照大小顺序指明花椒对营养元素的需求顺序，负数数值越大越缺乏，正数越大，元素含量越丰富。

例：测定花椒 N、P、K、Ca、Mg、Cu、Zn、Fe、Mn 等元素含量计算得出 IN（DRIS 指数）的指数公式如下：

$A/B$ 为任意两种元素含量的比值，$a/b$ 为高产花椒的营养元素比的平均值，$CV$ 为变异系数，构建出函数 $f(A/B)$ 描述 $A/B$ 偏离 $a/b$ 的程度。计算方法参照如下：

$$\begin{cases} [(A/B)/(a/b)-1] \times 1\,000/cv, & A/B > a/b \\ 0, & A/B = a/b \\ f(A/B)[1-(a/b)/(A/B)] \times 1\,000/cv, & A/B < a/b \end{cases} \quad (4-2)$$

N、P、K、Ca、Mg、Cu、Zn、Fe、Mn 等 9 种元素的 DRIS 指数（以 N 为例）表达公式为：

$IN$（N 的 DRIS 指数）$= [f(N/P) + f(N/K) + f(N/Ca) + f(N/Mg) + f(N/Cu) + f(N/Zn) + f(N/Fe) + f(N/Mn)]/8$ $\quad (4-3)$

DRIS 在实践中与采样时期息息相关，不同的采样时期对于养分的需求不一，只能判断出植物在某一时期需肥顺序，不能定量化指导。

也有研究者以 DRIS 为依据，综合充足范围法将花椒的营养元素浓度标准划分 5 个等级，诊断浓度标准对应营养元素类别分别为过剩（严重过量）、偏高（轻度过量）、平衡（最适范围）、偏低（轻度缺乏）、缺乏（严重缺乏）。临界值标准由平衡指标（高产花椒中叶片营养元素 DRIS 诊断均值）结合标准差计算而得，标准值＝平衡指标＋N×标准差；N 指标准值的系数，取 4/3、8/3、－4/3 和－8/3 分别用于计算过剩值、偏高值、偏低值、缺乏值。

作物缺素症指养分缺乏症状，亦指植物生育期内因缺乏某种或多种必需元素而出现的症状，通常在植物叶片表现出明显的缺素症状，通常表现为叶片失绿、黄化、发红或发紫；组织出现坏死、枯斑、生长点萎缩或死亡；株型异常、器官畸形、不开花等现象，只有充分了解和掌握青花椒缺素后的叶片特点（表 4 - 13），才能正确指导施肥矫正，可采取叶片观察法。

表 4 - 13 青花椒缺素叶片观察法对照表

| 缺素 | 症状 |
| --- | --- |
| 氮（N） | 叶色淡，出现淡黄绿色，老叶尖部老化干枯后全叶枯黄；新叶生长小、薄；花椒树枝条短小，分枝较正常株少，后期导致花果少且易脱落，产量低 |
| 磷（P） | 老叶失去光泽，暗绿色或古铜色，叶边缘出现枯焦；新叶小而窄，叶密度降低，叶间距提高；生长缓慢，发育迟缓，不利于后期花及果实的发育；缺磷严重会导致叶片出现紫红色 |
| 钾（K） | 生育期缺钾时老叶叶尖褪绿并伴随黄化，严重时叶片出现卷曲现象，叶尖或叶沿坏死；新梢或影响枝条的分化、减少，叶片减少且发小，出现枯枝（小枝条）现象 |
| 钙（Ca） | 首先在新叶上表现出来，叶尖先发黄，慢慢向叶缘部位扩展，叶片畸形，比正常叶片更细长；缺钙严重时出现大面积黄化，叶沿和主叶脉出现细小坏死斑块；枝条顶端芽部绿色变淡，随后慢慢坏死 |

| 缺素 | 症状 |
|---|---|
| 镁（Mg） | 首先在老叶上出现症状，主脉出现不规则黄斑，并慢慢扩大，出现绿色减少现象，从老叶开始，叶肉变黄，叶脉仍保持绿色。严重缺镁时，花椒叶会出现早衰与脱落现象 |
| 铜（Cu） | 花椒缺铜会畸形生长，枝条顶端呈 S 形生长，并伴有凸起的包块，包块内出现不明胶状物质，生长受阻后枝条出现枯死状，严重影响花椒枝条的生长 |
| 锌（Zn） | 花椒适合生长在钙质丰富的中性至石灰性土壤中，容易产生缺锌症状，现象表现在新叶上，狭小直立，即通常说的小叶病，并且叶片易折损、脆弱，叶片上还伴随着黄色的小斑点，有的表现为叶脉间出现失绿或白化现象 |
| 铁（Fe） | 花椒缺铁后，在枝条顶端嫩叶表现出黄化，叶脉仍出现绿色，叶肉变淡呈网纹状，老叶仍为绿色，有点暗绿色或出现黄白色 |
| 锰（Mn） | 花椒叶缺锰时在新、老叶都表现出症状，叶脉间出现淡绿色斑块，并且在阴面现象突出；缺锰时，幼嫩叶片叶脉间出现失绿发黄现象，呈现出清晰的脉纹，中部的老叶呈现褐色的小斑点，叶片偏软向下垂 |
| 硼（B） | 最初症状出现在春天刚抽出的新梢上。缺硼严重时，新梢生长缓慢，致使新梢节间短、两节之间有一定角度，有时出现结节状肿胀现象，然后坏死。新梢上部幼叶出现油渍状斑点，梢尖枯死，其附近的卷须形成黑色区域，有时花序干枯 |
| 硫（S） | 植物缺硫的症状一般为全株叶色褪淡，呈浅绿或黄绿色；叶片褪绿均匀，幼叶较老叶明显，叶小而薄，脱落提早；茎生长受阻，株矮、僵直且木栓化；生育期延迟。与缺氮症状的主要区别是，缺氮时老叶比新叶症状严重，容易干枯、早熟；而缺硫时幼叶症状比老叶明显 |

# 四、青花椒叶片营养诊断施肥技术

研究发现，青花椒在整个生育期内需要多种元素，C、H、O 来源于空气和水，N、P、K、Ca、Mg、Cu、Zn、Fe、Mn、B、S 等矿质元素在花椒营养中缺乏的特征研究最多。在花椒生产种植过程中，若某种元素缺乏，首先反映在叶片中。为花椒的叶片诊断提供理论支持，也是叶片营养诊断施肥技术的前提。青花椒叶片营养诊断施肥的核心技术主要分为"诊断""解释""配方"3 个步骤。

"诊断"是叶片营养诊断施肥技术的前提，对青花椒叶片中的各个营养元素进行分析测定，对比高产花椒营养诊断方法 DRIS 或 SRA 得出的营养标准进行元素定量化诊断。

"解释"以诊断数据与高产花椒的标准值或参比值为准绳，结合花椒生态生长环境和栽培管理技术特点，对花椒生长现状进行分析和判断，分析叶片的营养丰缺状况，明确营养病理的原因，提出营养问题，为施肥指明方向。养分的含量和施肥诊断主要涉及 3 个方面：第一，叶片某一养分含量低于正常值，即亏缺该养分，应增施；第二，叶片某一养分在正常值范围内，养分含量正常，应按照原养分施用；第三，叶片中某一养分高于正常值指标，即该养分丰富或过剩，应控制该类养分的施用量。

"配方"根据"解释"的结果和方向进行综合分析，结合土壤的基本养分情况、叶片营养的丰缺现状、花椒的营养需求特性，提出合理的肥料配比或恰当的矫治措施，达到科学施肥增产的目的，是叶片营养诊断施肥技术的终点。

　　具体施肥方案：根据施肥诊断涉及的方面，如何进行调控施肥，依据叶片中某一元素的增施或减施量，根据经验公式计算所得：

$$C = \frac{(C1 - C2) \times C3 \times B}{C4 \times C5} \qquad (4-4)$$

　　式中 $C$ 为花椒单株应增施或减施的养分量（kg），$C1$ 为生长良好高产花椒营养养分正常值（％）；$C2$ 为诊断花椒叶片化学分析值（％）；$C3$ 为花椒叶片干重（10 月），根据实际情况估算，水分含量（80％～90％），一般（1.0～2.0 kg）；$C4$ 为施用肥料中该元素的含量；$C5$ 为肥料利用率（氮肥以 30％～40％、磷肥以 20％～30％、钾肥 40％、钙镁肥 20％，也可根据当地肥料利用率试验数据进行校正）；$B$ 为花椒全株养分与叶片养分的比值。

　　综上所述，植物营养"诊断"是前提、基础、一种有效的手段；"解释"是定性过程，确定青花椒出现问题的病因；"配方"是定量的过程，根据病因制定出合理的施肥方案来实施，它们三者之间相辅相成，缺一不可，是保障花椒叶片营养诊断技术实施的根本。

# 第五章
# 青花椒营养管理配套技术

本章主要对青花椒营养管理配套技术进行阐述。包括青花椒园的选址、苗木的栽植管理、保花保果及采收贮藏技术，着重介绍整形修剪管理、病虫草害防治和障碍矫正技术。

## 第一节　青花椒丰产优质种植配套技术

### 一、青花椒园的选址

江津区的九叶青花椒喜热，适合在海拔 200～800 m 的坡地栽培。根据重庆市花椒气候生态区划研究，喜热型青花椒适宜栽培区区划指标为年平均气候≥16.0 ℃。江津区多年平均气温 18.4 ℃，日照时数 1 141.0 h，降水量 1 001.2 mm。青花椒果实关键生长期（果实膨大期至成熟期）为 4 月至 7 月上旬，多年平均气温 22.3～24.1 ℃，适宜的温度为江津区青花椒的生长提供充足的热量资源；降水量为 462.7 mm，充沛的雨量及其在季节、月份上的分布，很好地满足了江津青花椒各生长周期的生理需要。

## 1. 青花椒园建设对环境的要求

（1）温度。温度是气候因素中最重要的因素，对青花椒的生长发育有着重要的影响。青花椒是喜温的作物，不耐寒。青花椒花期适宜的日平均气温为16～18 ℃，开花期的早晚与花前30～40 d的平均气温、平均最高气温密切相关，气温高时开花早，气温低时开花晚。青花椒果实发育适宜的日平均气温为20～25 ℃。春季气温的高低对青花椒产量影响较大。

（2）光照。青花椒是强阳性喜光作物，一般要求年日照时数在1 800～2 000 h。光照充足，则青花椒树体发育健壮、病虫害少、产椒量高；反之，则枝条生长细弱、分枝少、挂果少、病虫多、产量低。在青花椒开花期如果光照充足，青花椒的坐果率会明显提高。而花期若遇连续阴雨导致光照不足，则会造成大量落花与落果。当青花椒进入挂果期时，充足的光照有利于光合产物的积累，能促进果皮增厚，使果实着色良好、品质提高。此时如果光照不足，则会导致果穗小、果粒瘪、色泽暗淡、品质差。就一株树而言，因树冠外围光照充足，所以外围枝花芽饱满，坐果率高，成熟期较早。内膛光照不足，导致内膛枝花芽瘦小，坐果少，成熟期相对较晚；若内膛长期光照不足，就会引起内膛小结果枝枯死，结果部位外移。因此，在建园时要考虑当地的日照时数，做到密度适宜，保证树冠获得充足的光照。在栽培管理上，应注意整形修剪，加强通风透光，促进树冠内外结果均匀。

（3）水分。青花椒对水分要求不高，一般年降水在500 mm且分布均匀，就可满足青花椒自然生长的水分需求。在年降水500 mm以下的地区，只要在萌芽前和坐果后各灌

1次水，也能满足青花椒正常生长和结果的水分需求。但因青花椒树体根系分布较浅，因而难以忍耐严重干旱。青花椒对水分的需求主要集中在生育期内，特别是生长前期、中期，若生育期内降水过少，会因干旱影响产量。

（4）土壤。土壤是青花椒水分和养分供给的场所，良好的土壤条件对青花椒的生长发育、开花结果和产量品质都有着十分重要的影响。

①土壤厚度。青花椒根系主要分布在30 cm深的土层内。因此，一般50 cm的土层厚度就能满足青花椒生长与结果的需求。但土层越深厚，越有利于青花椒树体根系的生长，而强大的根系会使树体地上部生长健壮，结实多，从而提高椒果产量和品质。土层过浅，则会限制和影响根系的生长，同时引起树体地上部生长不良，形成"小老树"，导致树体矮小、早衰、低产。

②土壤质地。土壤质地对青花椒树体根系的分布、根系生长、根系对土壤中水分和养分的吸收都有重要影响。一般疏松的土壤孔隙度适中，土壤中空气含量适宜，有利于根系的延伸生长，因此青花椒树体根系喜欢生长于质地疏松、保肥性和通气性好的土壤。沙壤土质和中壤土质最适宜青花椒生长。在一般的沙土、轻壤土、轻黏土上也可种植青花椒，但沙性过大或极黏重的土壤不利于青花椒的生长。

③土壤pH。青花椒生长发育对土壤的酸碱度也有要求。青花椒对土壤酸碱度的适应范围较广，在土壤pH6.5～8.0的范围内都能栽植，但pH7.0～7.5是青花椒正常生长结果的适宜土壤酸碱度范围。青花椒喜钙，耐石灰质土壤，在pH为8.4的石灰岩山地上也能正常生长。

④土壤肥力。青花椒为喜肥作物，在肥沃的土壤上生长

势强、抽枝旺、产量高。但青花椒适应性强，在土层较浅的山地也能生长结果。

⑤土壤水分。青花椒树体根系不耐水湿，土壤过分湿润，不利于青花椒树生长。土壤积水或长期板结，易造成根系因缺氧窒息而使青花椒树死亡。青花椒生育期降水过分集中，会造成湿度过大、日照不足，导致果实着色不好，也不利于采收和晾晒，影响产品产量和质量。通常当土壤含水量低于10％时，青花椒树的叶片会出现轻度萎蔫；低于8％时出现重度萎蔫；低于6％时会导致植株死亡。

（5）地形地势。青花椒多栽植于山地，而山地地形复杂、地势起伏大。不同的地形地势引起光、热、水资源在不同地块上的分配情况不同，最终对青花椒的生长和结果产生较大的影响。其中坡度、坡向和海拔高度是主要的影响因子。

①坡向。坡向通过影响光照，对青花椒的生长结果产生影响。青花椒为阳性作物，一般阳坡、半阳坡比阴坡光照时间长而充足，温度也高，因此青花椒在阳坡和半阳坡上生长结果比阴坡好。

②坡度和坡位。坡度和坡位通过影响土层厚度、土壤肥力和土壤水分条件，对青花椒生长结果产生影响。一般情况下，缓坡和坡下部的土层深厚，土壤肥力和水分状况较好，青花椒生长发育也较好。而陡坡和坡上部土层浅薄，土壤肥力和水分条件较差，青花椒的生长发育也较差。

③海拔。海拔高度不同，光、热、水、风、土壤条件等也会不同，对青花椒的生长发育会产生不同的影响。一般随着海拔升高，紫外光增加、温度降低、热量减少、风力增大，青花椒生长量和产量会降低。青花椒喜热，适合在海拔

200～800 m的坡地栽培。

**2. 选址规划**

（1）园址选择。青花椒生长必须选择适宜的生态环境，否则即使有再好的管理制度、再先进的管理技术也难以生产出安全绿色的青花椒产品。青花椒园应选择在不受污染源影响、污染物控制在允许范围内的生态良好区域，应达到我国农业行业标准《NY/T 391—2013 绿色食品 产地环境质量》的相关要求。另外，地下水位不应高于1 m，坡向要求阳坡或半阳坡；应避免在风大的山顶、风口以及冷空气易于积聚形成辐射霜冻的低洼地建园。

（2）椒园的规划设计。建立较大型的椒园，在选好园地后，必须进行科学的规划和设计，以便为椒园的丰产和稳产奠定基础。青花椒园的建园规划设计内容一般包括：栽植小区划分、道路设置、灌水系统设计、排水系统设计、建筑与晾晒场规划、栽植方式等。

①栽植小区划分。为了合理利用土地和便于管理，一般建立大面积椒园时要将整个园地划分成若干栽植小区。小区的形状和大小可根据地形、地貌及道路等因素确定，但要求一个小区内的地形、坡向、土壤基本一致，以方便管理。小区面积一般为2～4 hm²。为便于生产管理，将栽植小区设计为长方形，并使长边与等高线平行。梯田形椒园应以坡面或沟谷为小区单位。若坡面过大时，可将其划分成若干个梯田形小区。

②道路设置。山地椒园可根据面积大小和坡度陡缓的不同来设计道路。面积在20 hm²以上、坡度平缓的大椒园应规划出主干道。主干道是内连椒园各条支道、外连园外公路的通道，宽4～5 m，环山而上。面积在6.67～20 hm²、坡

度较平缓的椒园，可设置环山而上、宽 3 米的主干道路。在小区分界线处设支道，支道宽 2.5～3 m。面积在 6.67 hm² 以下、坡度较陡的，可设置"之"字形攀坡而上、宽 1.5m 的便道。

③灌水系统设计。灌水系统包括蓄水池、引水渠、灌水沟 3 个部分。

第一，蓄水池。山地椒园灌溉多采用雨水集流、蓄水灌溉或蓄水提灌，因此一般要设计建造蓄水池。采用蓄水灌溉方式的，蓄水池的设计位置要高于椒园；采用蓄水提灌的，蓄水池位置应低于椒园。蓄水池的大小应根据集水面积大小和灌溉便利条件等，因地制宜地在椒园上部、斜上部、两侧或下部修筑。

第二，引水渠。是连通蓄水池与椒园的通道，一般设在椒园一侧，并与等高线斜交或垂直。引水渠应采用管道或用水泥、石头砌成，并要间隔修筑跌水缓冲池，以防冲坏渠道。

第三，灌水沟。沿等高线在梯田内侧设置灌水沟，并与引水渠相通。

④排水系统设计。排水系统由排洪沟和排洪渠组成。

第一，排洪沟。设计在椒园上方边缘和灌溉引水渠的对侧边缘，一般沟深 50～70 cm，沟宽 80～100 cm，以引排椒园中多集的雨水。

第二，排洪渠。一般不单独修筑，是将灌水沟末端与排洪沟相通，即可排除梯田内的水。

⑤建筑与晾晒场规划。大型的椒园，应该在椒园中心区域的交通方便处建立管理办公室、农机具房、晾晒场、贮藏库、包装车间等。山地椒园要将包装车间、贮藏库设在低

处，要交通便利。

⑥栽植方式。青花椒园地规划中最重要的是栽植方式，目前应用效果最好的是宽窄行垒土栽植。重庆市九叶青花椒，种植密度一般居于 1 200～2 000 株/hm² 范围（坡地种植株行距多为 2 m×2.5 m，平地多为 2 m×3 m 或 3 m×3 m）。每行之间做好排水措施，防止洪涝灾害发生。

# 二、苗木的栽植管理

## 1. 采种与处理

选择生长健壮、结果多且稳定、品质优良、无病虫害的盛果期青花椒母树。待果皮转红，果实呈黑色且有光泽，有 2 ％～5 ％果实的果皮开裂时采集果实。采集的果实要及时阴干。选择通风干燥的地方，薄薄地放一层，每天翻动 3～5 次，待果皮开裂后，轻轻用木棍敲，收取种子，取种时切忌在阳光下曝晒。

## 2. 播种及育苗

播种前应先进行脱脂处理。方法：采取碱水浸种，将处理好的种子放在 1‰碱水中浸泡 2 d，除去秕子，搓洗种皮油脂，捞出后再用清水冲洗碱液，再拌入沙土或草木灰即可播种。

（1）播种时期。秋季墒情好、出苗整齐，播种在 10 月中旬至 11 月上旬进行。

（2）底肥。深翻 20～40 cm，结合耕翻，施入适量有机肥和过磷酸钙/钙镁磷肥作为底肥。

（3）灌溉与排水。秋播后立即灌足水，灌水时间为早晨或傍晚，水多要及时排放。注意种子萌发期土壤湿润程度。

（4）中耕除草。当幼苗长到10～15 cm时，要适时拔除杂草。中耕初期应浅些，一般为2～4 cm深，随苗木的生长，可逐步加深。苗根附近宜浅些，地间、带间应深些。苗木生长期内应中耕除草3～4次。

（5）追肥。青花椒苗出土后，3月中、下旬开始迅速生长，4月中、下旬是生长最盛期，可以追施硝酸铵磷。阴天或早晚空气湿润时可辅助喷施叶面肥。

（6）防治病虫害。青花椒苗期主要病害为叶锈病，虫害为蚜虫、红蜘蛛，应注意防治。

**3. 移植管理**

（1）移栽时间。青花椒的移栽分为秋季移栽和春季移栽。秋季移栽最佳时期为10—11月，此时苗木的地上部分已停止生长，而地温尚高，有利于苗木根系生长。春季移栽可选择在苗木芽体刚萌动前进行，一般定植时间在3月上、中旬。

（2）移栽后的栽植密度。肥力较高的土地，栽植密度为（2～2.5）m×3 m（90～110株/亩）；对土层较薄、质地较差、肥力低、坡度较大的土地，栽植密度为2 m×（2.5～3）m（110～130株/亩）。

（3）扩穴翻土。在定植的前3年，一般从定植穴边缘开始，隔年向外拓宽50～130 cm、深15～20 cm的松土带。

（4）隔行或隔株翻土。先在一个行间翻土，另一行不翻，保证椒树每年只伤半边根系，有利于椒树的生长。对于宽行密植的椒园，在行间自树冠外缘向外逐年进行带状翻土。

（5）全园翻土。树盘下的土壤不翻或对其浅翻深度在10 cm左右，其他土壤全部翻，深度在15～25 cm。九叶青花椒主干和根茎部是进入休眠期最晚和结束休眠期最早的部位，抗寒能力差，所以在秋、冬季可以采取培土或压土的方式，以保护椒树根茎部安全越冬。

## 三、青花椒采收技术

青花椒的采收时期因品种而异，即使是同一品种，因立地条件的差异，采收时期也可能不一致。一般根据青花椒用途确定采收时间。

作为保鲜青花椒的原料，最好在5月下旬至7月下旬，青花椒九成熟时采收。作为晒制或烘烤干花椒的原料，最好在6月上旬至7月下旬青花椒完全成熟时采收。作为青花椒油的原料，最好在6月下旬至8月上旬采收。作为种椒，则建议在8月底至9月初（白露前后），种子充分成熟，果实由绿转紫红，极少量种皮开裂时采收。

注意天气和采收顺序。青花椒的采收要选择在晴天进行，避开阴雨天，以免晾晒难和恶化色泽风味，导致品质下降。一般从露水蒸发后的上午9:00—10:00时开始采收。重庆6—7月温度较高，多在清晨天亮后就开始采摘。采收顺序应先从温暖、向阳、低海拔的椒园，向背阴、偏阳、高海拔的椒园过渡。而同一椒园应按"先外后内、先下后上和先早熟品种、后晚熟品种"的顺序采摘，做到不漏采。

青花椒质量要求：椒粒青绿色，无变黑椒和油椒，无破碎粒、腐烂粒，无粗枝大叶，无花椒刺，允许有少量细枝和细蒂柄，无其他杂质。

## 四、青花椒枝条综合利用技术

每年青花椒收获剪枝的时候都要产生大量废弃枝条，据估算，江津区每年可产生 5 万 t 以上的废弃枝条，而青花椒枝条不易腐烂又不能野外焚烧，如何处理这些废弃枝条成了一个难题。针对江津区青花椒种植面积大、青花椒秸秆（废弃枝条）资源丰富的特点，江津区加强废弃物综合利用，鼓励新型农业经营主体以青花椒及本地其他作物、养殖业畜禽粪便等农业废弃物为原料，生产有机肥和生物燃料等产品，发展生态循环农业。

江津区探索了 4 种青花椒废弃枝条再利用技术模式。

**1. 田间粉碎堆沤腐熟模式**

通过枝条粉碎机，直接将青花椒废弃枝条粉碎，堆沤腐熟，并就近还园。2019 年，江津区在白沙、李市、慈云等 8 个青花椒产业大镇配备枝条粉碎机 20 余台，粗略估算，每台粉碎机每个小时可粉碎青花椒废弃枝条 500 kg。2021 年，依托江津区树华水稻种植股份合作社，积极探索在田间地头布局修建有机肥堆沤腐熟发酵池。该合作社种有近 200 亩青花椒，于 2019 年新建了 5 个 20 $m^3$ 的田间堆沤腐熟发酵池、购买了 2 台小型秸秆粉碎机，年均粉碎、加工青花椒枝条约 170 t。通过 2020—2021 年连续就地、就近腐熟还园利用，化肥施用量减少了 30%，青花椒产量提高 10% 以上，亩增收节支 350 元以上。

**2. 回收生产有机肥模式**

由本地有机肥生产企业统一收购青花椒废弃枝条，并进行粉碎加工，将加工后的产品作为商品有机肥原料。2021 年，重庆景初微生物有机肥料有限责任公司、重庆天之聚科技有限公司、重庆盛顺园农业科技有限公司等有机肥企业收购、粉碎、加工以青花椒废弃枝条为主的秸秆超过 1 万 t。

**3. 食用菌基料利用模式**

采用青花椒秸秆代替棉籽壳作为培养主料用于食用菌生产，食用菌采收后再将其作为有机肥进行还田，这不仅解决了青花椒秸秆浪费造成的环境污染，还增加了椒农的收入，也减少了食用菌生产成本投入。重庆佳民农业开发有限公司每年可粉碎青花椒秸秆 3 000 t 用作食用菌基料，极大降低了原料成本，种菌后的基料，又可重复利用于有机肥生产企业，使秸秆资源得到高效利用。

**4. 活性炭利用模式**

当前全球 1/3 的活性炭都由中国提供，国际上对活性炭的需求缺口很大。中国林业科学院测试表明，青花椒枝条具有密实度高、来源广泛等特点，特别适合作为生产优质木质活性炭的原料。现在已经拥有成熟的技术，把采摘青花椒过程中产生的废弃枝条生产为活性炭，既可以减少野外焚烧造成的火灾隐患和大气污染，又可以每年至少增加 1.5 亿元的产值，帮助广大椒农变废为宝。

# 第二节 青花椒整形修剪管理技术

青花椒树栽植后如不加整形修剪，往往树冠郁闭，园内通风透光不良，导致病虫滋生，树势逐渐衰弱，产量降低，产品品质下降。进行合理的整形修剪，可使树体充分利用阳光，调节营养物质的制造、累积及分配，调节生长及结果的关系，使树冠骨架牢固，达到高产、优质的目的。修剪的主要作用：在一定的条件下，修剪可使被修剪枝条的生长势增强，但对整个树势的生长则有减弱的效果；修剪能控制和调节树体营养物质的分配、运输和利用，有利于生长和结果；

修剪可以改善光照条件和提高光合效能；修剪能有效地调节花、叶芽的比例，使生长和结果保持适当的平衡，增加叶枝的比例，从而提高产量。

# 一、种苗幼龄期的整形修剪技术

对于幼树来说，主要采用 1 年定干、2 年定枝、3 年定形的修剪方式。

### 1.1 年定干

定干依据立地条件、栽培密度的不同来确定。一般立地条件较差、栽培密度多，树干宜稍矮；反之，则宜稍高。定干的时间一般在青花椒树定植后的第二年或当年的 5 月至 6 月中旬进行。定干高度应以椒苗树干距离地面 45～60 cm 为宜。剪口应呈平斜面。定干时要求剪口下 10～15 cm 有 7～8 个饱满芽。饱满芽抽发后，要及时抹除其他的新芽，促进新梢生长。在新梢长至 30～40 cm，选择 3～4 个新梢方位角呈 90°～120°的枝作为主枝培养（图 5-1）。

图 5-1　幼树整形修剪示意图

### 2.2 年定枝

定枝重点是培养一级主枝、二级侧枝（结果枝），为培育树体骨架打下基础。定枝时间一般在 5 月中旬至 6 月中旬。选择在主枝上 25～30 cm 进行剪短，在每个一级主枝上着生 3～4 个二级侧枝。待新枝长到 50 cm 进行轻度拉枝或在 10 月中旬压枝。11 月下旬至翌年 1 月摘心控梢，培养结果枝和结果枝组。对无发展空间的新枝、下垂枝、交叉枝，应将其全部疏除。保持椒树的发育枝 12～16 枝。

### 3.3 年定形

第三年是培养结果枝组的关键期，重点培养三级侧枝，确定整体树形。定枝时间为 5 月 20 日至 6 月。选择强壮二级主枝上的延长枝进行强枝段剪，留基部长度 10～15 cm，弱枝全部剪除，修剪时侧枝与主枝的水平夹角以 40°左右为宜，每个二级主枝上留 3～4 个三级主枝。待新枝生长至 70～100cm 时进行轻度拉枝或在 10 月下旬压枝，12 月至翌年 1 月摘心控梢，培养结果枝和结果枝组。保持椒树发育枝 35～50 枝。

小树的修剪应该是在每个方向保留 1 根主枝，每根主枝长 30～50 cm，这样不仅可以保证主枝的粗壮，有利于早丰产，同时有利于盛果期花椒树树冠中间的光合作用顺利进行。

## 二、生长结果期的回缩修剪技术

定植 3～4 年后，花椒树生长较为旺盛，修剪主要应把握好整体树形，处理好辅助枝，有序培育结果枝组，使树体结构合理，充分利用光照，调节营养物质的制造、养分积累和水分的转移分配，促进光合作用和呼吸作用的有效平衡，引导营养生长与生殖生长，调节营养枝、结果枝的合理比例，达到高产、高效、优质的目的。骨干枝上延长枝保留长度 50～120 cm，分枝角度以 45°为宜。

定植 5 年后进入盛果期，树势逐渐稳定，产量年年上升。应采取抑强扶弱的修剪方式，重点是更新和调整花椒树的各类结果枝组，维持其长势和结果能力，并处理好骨干枝上延长枝和侧枝。根据生长位置和长势强弱分别采用重截、短截、回缩、缓放等技术，疏除密集和没有发展空间的枝条，并通过压枝、摘心等措施，达到树体结构良好、结果枝组强壮、高产稳产的目标。花椒树枝条密集时，要注意疏下促上、疏内促外、疏强促弱、疏短促长，利用健壮枝条更新复壮枝组，做到树势均衡少漏光。

在青花椒周年生长过程中，最应注重结果侧枝，主要是因为结果侧枝花椒穗间距更小、结果密度更大、产量更多。具体修剪措施为：在 9 月将新梢沿基部 30 cm 左右处截断，每株青花椒树留 20 根左右枝条，注重培养从截断枝上新抽发的侧枝。每根截断枝上新抽发的侧枝基本保留 2～3 枝。这样不仅可以塑造一个很圆的压盘，保证树体中间光照更充足，同时可以促进新梢枝条的老化，从而提高青花椒的产量。因为只有老化的枝条才会进入生殖生长阶段，从开花到结果，形成有效的产量。

## 三、成年盛果期的疏枝修剪技术

青花椒的成套修剪技术包括 5 步：主枝回缩—疏枝—压枝—摘心—疏枝。夏季强剪回缩，秋季疏枝压枝整形，冬季摘心控梢，春季疏枝壮果。

**1. 主枝回缩技术**

指青花椒采收与修剪同时进行，即先剪后摘椒法。根据时间不同分为3种不同的剪法。5月25日至6月中旬，采取重度修剪的方法，在侧枝基部的1～2 cm处进行重度短截修剪，但必须预留2～3枝辅助枝（抽水枝），保证树体营养平衡供应；6月中旬至6月底，采取重、轻度修剪，在侧枝基部2～3 cm处进行修剪，保留3～5枝辅助枝；6月下旬至7月中旬，选择轻度短截的方式，在侧枝基部3～5 cm处进行短截，保留5～8枝辅助枝。留枝长度根据温度高低确定，一般低温留短桩，高温留长桩。为防止伤枝感病，同时应喷药预防。预留辅助枝的方法为在修剪时选择强壮带有叶片的结果枝组作为辅助枝，不剪枝条只摘椒果，待新梢长至30 cm左右再剪除辅助枝。

**2. 疏枝修剪技术**

疏枝的原则是疏弱留强、疏小留大、疏下留上、疏短留长、抑强扶弱。选用较强的枝带头，稳定生长势。对侧生枝组不断抬高枝头角度，形成强壮枝组，同时采取抑强扶弱的修剪方法，维持良好的树体结构。一般盛果期的青花椒树，结果枝一般占总枝量的90%以上。粗壮的长、中结果枝每个果穗的粒数明显多于短果枝，保持一定数量的长、中果枝是高产稳产的关键。

疏枝的时间主要有2段，8月至10月上旬和翌年的3月至5月中旬。第一次疏枝把握4个疏枝时间是关键：如果当年气候变化不大，其新梢均衡生长正常，在新梢30 cm左右开始疏枝；如果当年气候变化较大，前期雨水较多，或氮肥过重，新梢过旺，应推迟疏枝时间，将养分分散于所有枝消耗。在新枝长至 40～60 cm 开始疏枝；如果当年前期气温过高或青花椒树养分不足或主枝回缩修剪过迟，新梢生长慢，在 9 月中、下旬新梢长度没有 30 cm 的情况下，也要尽快疏枝。成年盛果期的青花椒树一般在每个侧枝的上、左、右位置保留 3～4 枝健壮的结果枝组，预留结果枝数量应该在 80～130 枝。第二次疏枝时间在翌年的 3 月至 5 月中旬进行，对于长至 10 cm 左右的新梢要不定期剪除，让椒园无新梢生长。

**3. 压枝**

压枝（拉枝）有利于增加叶片光合作用，阻断水分、养分运输，打破生长势，延伸结果部位内移，促进结果枝条木质化，达到增产增收。压枝时间应选择在结果枝组还未充分木质化，能容易改变枝条方向的时候。一般在 10 月 15 日至 11 月中旬进行压枝。对于长势较强或枝条较长的结果枝组应尽早压枝，对生长较弱或枝条较短的结果枝组应推迟压枝。在下大雨后压枝效果最好，此时因树体水分充足，容易改变枝条方向。可以用带钩的树枝将枝条钩下，用手将枝条多方位下压；也可以用竹竿从青花椒树的内膛插入，将结果枝组向各个方向压。但要减少对枝叶和叶芽的损伤度。

**4. 摘心**

青花椒的摘心主要目的是控制椒树顶端优势，调节营养平衡，促进花芽生长。由于椒树结果枝组上部的 2～4 芽均为混合芽，即可以分为花芽和枝芽，摘心时间一般选择在椒树的休眠期（11 月下旬至翌年 1 月）进行，在此期间椒树枝条营养生长缓慢，通过对结果枝组的摘心控梢，促进枝条老化和花芽分化。摘心的方法可根据时间及枝条的木质化程度确定。在 11 月下旬至 12 月中旬，摘去枝条顶端嫩梢 3～9 cm，在此期间可分多次摘心，直到顶端不出新梢为止；在 12 月下旬至翌年 1 月期间，摘去枝条顶端嫩梢 2～4 cm，就能达到摘心控梢的目的。如果树体长势较强，气温较高，可早摘心、重摘心；树势较弱，可迟摘心。

## 四、结果衰老期的修剪管理技术

定植 15 年后青花椒会进入结果衰老期，通过分期、分批地对衰老的主、侧枝进行重剪回缩，以促萌发新枝，培养新的主侧枝和结果枝组，加强徒长枝的培养与利用，逐步更新衰老主枝与侧枝。

**青花椒附生枝与徒长枝的处理与利用**

青花椒附生枝是指青花椒树体在被修剪后，结果新梢枝组长至一定长度后上半部又抽发出的附生新梢。一般 9 月是附生枝的生长高峰期。主要是当年气温较低、雨水较多、修剪过早、氮肥过多、生长过旺等因素造成附生枝的生长。在结果枝组不多的情况下，可以将其培养成结果枝组。在结果枝组足够的情况下，对于长度在 25 cm 内的附生枝均可进行疏剪，方法是将附生枝在其基部 0.5 cm 处剪除，能促进花芽分化形成与生长发育；一般疏剪时间在 9 月中、下旬。对于长度在 25 cm 以上的附生枝，可采取缩剪结果枝组前端枝条的方式促进附生枝生长。如果结果枝组强壮，留 2～3 枝附生枝；如果结果枝组较弱，则留 3～5 枝附生枝。

青花椒徒长枝是指青花椒树体在被修剪后，从椒树主干的下部或基部新长出的枝条。形成原因主要是当年前期干旱、后期雨水较多，上部新梢生长较弱等。徒长枝一般长势较旺，应尽早处理。如果结果枝组数量较多，应尽早疏除徒长枝；如果结果枝组偏少，可在 8—9 月徒长枝长到 40～50 cm 时摘心，促发分枝，将其改造成结果枝组。

# 第三节 青花椒病、虫、草害防治技术

## 一、主要病害防治技术

每年 4 月上旬至 5 月底是青花椒炭疽病高发期，这种病主要危害果实、叶片及嫩梢，造成叶片和果实脱落，一般减产 20% 左右，严重时在 50% 以上。

每年 4 月中旬至 10 月下旬是花椒锈病、花椒斑点落叶病的高发期，这是危害青花椒生长结果的主要病害。青花椒树体在阴雨低湿环境下易感锈病，表现为叶背呈圆环状淡黄色锈病斑，引起落叶减产。发病株率为 30%～60%，重病区发病株率为 80%～100%。斑点落叶病的主要危害是叶片出现点状失绿斑点，渐变灰褐色小斑点，严重者其边缘呈褐色或黑色。

每年 7 月初至 9 月底是花椒叶斑病的始发期。发病初期，被害叶片表面产生数个点状绿斑，随着病状的发展，病斑逐渐变成灰色或褐色的小圆斑，并附着小黑点，严重时叶片失绿脱落。

每年 8 月初至 10 月是花椒煤烟病、花椒脚腐病的高发期。煤烟病主要危害叶片、幼果和嫩梢。发病初期，叶片、果实、枝条的表面出现椭圆形或不规则的黑褐霉斑，使叶片光合作用受阻，影响光合产物的形成，造成树体早期落叶、落果和枯梢。脚腐病主要危害树根，造成树根腐烂，防治时首先需将病斑刮净，再用药物涂抹或灌根。

花椒锈病等主要病害的防治方法：一是花椒落叶之后，将病枝、落叶进行清扫，集中烧毁，彻底清除和消灭越冬病原菌；在萌芽前全园喷洒 3～5 波美度石硫合剂或 30％机油·石硫合剂 600 倍液。二是掌握当地花椒锈病的发病时间，在发病前 5 d 喷 1 次 1∶1∶100 的波尔多液（硫酸铜0.5 kg∶石灰 0.5 kg∶水 50 kg）进行预防；历年发病严重的椒园隔 5 d 再喷 1 次，以预防锈病发生。三是发病初期全树喷 1∶1∶200 的波尔多液或 65％代森锰锌可湿性粉剂 500倍液进行防治，每隔 2～3 周喷 1 次，雨后及时补喷；发病盛期喷 400 倍 65％可湿性代森锌粉剂，或喷 1∶2∶200 的波尔多液或 0.1～0.2 波美度石硫合剂或 65％代森锌 500 倍液 2～3 次。四是 6 月初至 7 月下旬，用 15％三唑酮可湿性粉剂 500 倍液或 25％丙环唑乳油 1 000 倍液均匀喷雾。

青花椒的病害防控操作，参见第六章第一节。

## 二、主要虫害防治技术

每年 3 月底至 5 月初是食心虫高发期，危害椒果，造成落花落果。

每年 4 月初至 7 月上旬、8 月底至 12 月上旬是红蜘蛛、附线螨高发期，主要危害是刺吸叶片汁液，造成叶片呈黄白色小斑点，失去光泽，严重时全叶呈淡黄白色，引起落叶减产。

每年 5 月初至 7 月上旬、8 月上旬至 10 月下旬是蚜虫高发期，主要危害是刺吸嫩叶、花、幼果汁液，引起叶片背面蜷缩、畸形以及落花落果。

每年 5 月上旬至 9 月上旬是天牛、介壳类害虫始发期，主要危害树干、树枝。初孵幼虫先在树体皮下蛀食，6 周后蛀入木质部。

每年 8 月下旬至 10 月中旬是凤蝶始发期，其以吃食叶片为害树体，阻碍叶片光合作用而减产。

主要虫害的防治方法：一是蚜虫在越冬孵化期及 5 月间，树体喷布 10%吡虫啉可湿性粉剂 5 000 倍液。蚜虫发生严重时，可全树喷布 50%抗蚜威可湿性粉剂 3 000 倍液或 2.5%溴氰菊酯乳剂 3 000 倍液或 1.8%阿维菌素乳油 2 500～3 000倍液。但挂果的椒树，采收前 1 个月内严禁喷药。也可采用生物防治，即利用七星瓢虫捕食蚜虫。5 月上旬，早晨用捕虫网在麦田捕捉七星瓢虫的成虫、幼虫，将其放到椒树上，使瓢蚜比为 1∶200。二是桑白蚧主要聚集在树干处，入冬前可以用硬板刷或钢丝球轻轻将越冬虫害部位刷掉。花椒萌芽前 15～20 d 全树喷布 5 波美度石硫合剂。介壳形成后，可喷施 3 000～5 000 倍杀扑磷或 1.8%阿维菌素乳油 600～800 倍液或 10%氯氰菊酯乳油 800 倍液或 70%吡虫啉可湿性粉剂 700～1 000 倍液防治。

虫害防治过程中可以将不同作用机理的农药轮换喷施，延缓成虫产生抗药性，可以提高防治效果。青花椒的其他虫害防控操作，参见第六章第一节。

## 三、椒园绿肥抑草技术

绿肥抑草，就是在青花椒林间种植紫云英、光叶苕子、三叶草、胡豌豆、大豆等绿肥，在绿肥开花盛期压青还土，或是在胡豌豆、大豆、花生分别收获嫩胡豌豆、毛豆荚、花生等后，将其秸秆翻压在花椒树行间，既可抑制杂草，又能减少肥料用量，提高肥料利用率。一般采用一季绿肥加自然生草的模式，对于替代化肥贡献约 10%。

在亩植青花椒按照宽窄行栽植的未封行椒园中，或花椒行间留置宽度相对均匀，距离在 3 m 以上，实施主枝回缩修剪技术的椒园，且位于丘陵坡地，年降水量 1 000 mm 以上的区域，适宜行间种植绿肥。

该技术应注意茬口衔接（绿肥品种选择）—带状种植—绿肥压青。一般在 9—10 月这段时间到翌年 3 月种植胡豌豆（光叶苕子、油菜青等）绿肥，3 月盛花期每亩可还田 1～1.2 t；4—7 月种植夏季绿肥大豆或绿豆，7 月覆盖还田或者生草覆盖，5 月割草还田，7 月中、下旬割草用于地面覆盖，以保墒降温。9 月下旬进行第 2 轮的循环绿肥种植＋旱大豆种植（大豆推荐使用渝豆 11 号和渝豆 2 号）。

# 第四节　青花椒障碍矫正技术

## 一、青花椒开黄花防治技术

近年来，青花椒开黄花对产业造成了严重的损失，该病症因发病后植株花序发育异常、花序在田间呈亮眼黄色而得俗名"黄花病"。青花椒一旦开黄花，坐果率显著下降、产量严重受损，树体逐渐衰弱甚至死亡，因此青花椒开黄花越来越成为影响青花椒种植的严重问题。青花椒开黄花发生区域较广，黄花株多而分散，许多青花椒种植基地的黄花株越来越多，严重影响种植户的经济效益，目前尚无显著有效的药剂和措施，因此青花椒开黄花有"青花椒癌症"之称。

### 1. 青花椒开黄花的形态特征变化

青花椒属于雌雄同株植物，花小而多，青色，为单性不完全花，雄花具有雄蕊5枚或多至8枚，在正常开花青花椒的发育后期，花药等雄蕊器官逐渐退化凋落，雌蕊则正常发育，最终子房膨大发育形成果实。

青花椒正常开花为嫩绿色（图5-2），花序异常发育则开黄花（图5-3），开黄花的主要特征：第一，黄花的雄蕊器官异常分化发育、花药又大又多、花丝粗长，雌蕊表现出

图5-2　青花椒正常株

图5-3　青花椒开黄花现象

不同程度退化，而正常花雄蕊早早退化，肉眼很难看到；第二，开黄花植株发育明显提前，黄花花穗较正常花株更长、更大，开黄花后花序凋落无法坐果，其坐果率较正常株降低50%～90%；第三，青花椒开黄花现象可能表现为整株均开黄花，也有可能部分结果母枝开黄花或同一结果母枝上部分花序为黄花，发生分散而无规律。

对不同发育期芽尖进行石蜡切片观察发现，9月中旬的青花椒花芽是混合芽，该时期的顶芽（图5-4）和腋芽（图5-5）均未见明显花和叶的分化，黄花株与正常株均未分化出明显的花芽。11月中旬观察到花芽分化明显（图5-6、图5-7），总花序轴明显增大，出现二级、三级花序轴，分化出花蕾原基，黄花株的花蕾原基明显比正常株多，萼片分化特征明显。至12月中旬，花芽发育更为成熟（图5-8），黄花株的花蕾原基和萼片数量显著多于正常株，但花芽的解剖形态特征表明未能观察到明显的性别发育区别。到青花椒初花期（图5-9），观察到正常花由子房、花柱和胚珠等

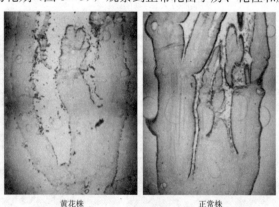

黄花株　　　　　　　　　　　正常株

图5-4　青花椒黄花株和正常株9月顶芽切片

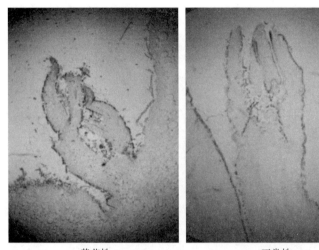

黄花株　　　　　　　　　　　正常株

图 5-5　青花椒黄花株和正常株 9 月腋芽切片

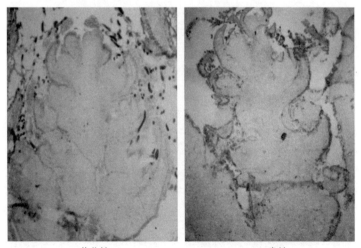

黄花株　　　　　　　　　　　正常株

图 5-6　青花椒黄花株和正常株 11 月顶芽切片

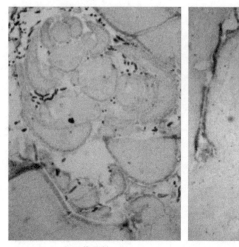
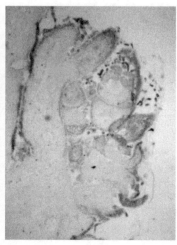

黄花株 　　　　　　　　　　　正常株

图 5-7　青花椒正常株和黄花株 11 月腋芽切片

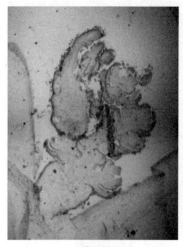
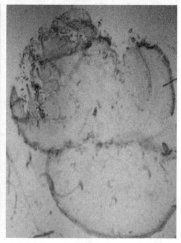

黄花株 　　　　　　　　　　　正常株

图 5-8　青花椒黄花株和正常株 12 月顶芽切片

等雄性器官组成，黄花中没有明显的子房发育。青花椒盛花期小花断层扫描结果（图 5 - 10）也表明，黄花具亮黄色明

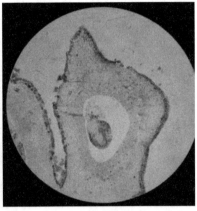

黄花 正常花

图 5 - 9 青花椒黄花和正常花 2 月初花期切片

黄花 正常花

图 5 - 10 青花椒黄花和正常花扫描图

显花药，花丝着生于退化雌蕊周围，表皮毛短且少；而正常
雌性器官组成，而黄花由花药和花粉花整体呈绿色，具膨大
子房和红棕色花柱，其表皮毛长且多。通过观察初花期和盛
花期2个时期可知，青花椒黄花具明显雄蕊发育特征，正常
花具明显雌蕊发育特征。

青花椒开黄花后，其花叶数量、质量与正常株有着明显
差异，开黄花植株的小花质量、小花数量和花叶比（花序质
量：新生叶质量）均显著高于正常株（表5-1），其数值为
正常植株2.86倍、2.00倍和7.65倍。新生叶质量显著降
低，仅为正常株的23.3%；数量明显下降，仅为正常株
的55.6%。

**表5-1　花、叶片形态指标**

| | 小花<br>数量/个 | 新生叶<br>数量/个 | 小花<br>质量/g | 新生<br>叶质量/g | 花叶比 |
|---|---|---|---|---|---|
| 黄花株 | 248.7±76.7a | 15.00±13.01a | 13.228±5.762a | 0.961±0.960b | 12.683±5.828a |
| 正常株 | 154.6±52.5b | 27.00±13.02a | 4.628±4.184a | 4.129±3.822a | 1.657±1.350b |

青花椒开花期，花与叶片会竞争营养，两者对营养物质
的竞争力不同，营养物质运至花、叶片器官的营养物质也不
同，一般代谢旺盛的器官获得的营养最多。相较于叶片，花
因位置高而处于极性部位代谢旺，所获得的营养最多，生长
较强。叶片的代谢机能较弱，得到的营养较少，生长较弱，
不利于新叶的生长与发育，最终花的数量与质量远高于叶
片。青花椒开黄花时一方面花的数量显著增加，大量消耗了
青花椒枝干中冬季储藏的营养，另一方面嫩叶生长数量很
少，光合效率不高，光合作用产物无法满足那么多花形成果
实的需要，导致无法坐果而大量落果。

青花椒黄花株除新生叶比正常株新生叶小许多，枝条上的成熟叶片也较正常株更小，且成熟叶片边缘向叶片正面微卷曲，部分黄花株叶片泛黄、树势较弱而呈生长不良状态。青花椒黄花株枝条比正常株枝条长度短，节位相对较少且节间距偏短，黄花株枝条上的刺分布明显更加密集。通过挖取青花椒根系观察发现，青花椒根系为肉质根，正常株根系茂密，新生根系嫩白而细长；而黄花株根系相对稀疏且新生根系偏短粗、颜色偏黄，根系生长明显受阻。综合来看，青花椒黄花株根、茎、叶、花均较正常株有较大差异，黄花株整体生长情况发生了显著变化。

**2. 内源激素差异**

植物激素是植物体内合成的一系列天然化合物，包括脱落酸（abscisic acid，ABA）、赤霉素（Gibberellin，GA）、生长素（auxin，IAA）、乙烯（ethylene）、细胞分裂素（cytokinin，CTK）、玉米素（Zeatin，ZT）和芸薹素（Brassinolide，BR）等，以极微量的浓度引发植物生理反应，对青花椒的生长发育等多种生理过程以及器官发育、形态建成等方面起重要调节作用，也影响青花椒的产量、品质和抗性等。

青花椒开黄花后，其植株内的植物激素含量表现出明显变化。花芽分化初期，开黄花植株 ABA 含量最先出现变化（表 5-2），相比正常株，黄花株 ABA 含量显著下降54.3%，水杨酸（salicylic acid，SA）含量显著上升、6-苄氨基嘌呤（6-benzylaminopurine，6-BA）、茉莉酸甲酯（methyl jasmonate，MeJA）、茉莉酸（jasmonate，JA）等的含量无明显变化。花芽分化后期，黄花株中 ABA 含量仍显著低于正常株，黄花株花序的 IAA、ZT 和 BR 含量均显著低于正常株，SA 含量显著高于正常株，GA、JA 等含量无显著差异（表 5-3）。

表 5-2　花芽分化初期的花椒内源激素含量

|  | ABA/<br>($\mu$g/g) | 6-BA/<br>($\mu$g/g) | MeJA/<br>($\mu$g/g) | JA/<br>($\mu$g/g) | SA/<br>($\mu$g/g) |
|---|---|---|---|---|---|
| 黄花株 | 1.007±367b | 0.603±0.104a | 5.80±2.15a | 7.98±3.13a | 78.1±34.7b |
| 正常株 | 2.205±503a | 0.551±0.021a | 6.92±1.37a | 6.04±5.39a | 32.0±15.5a |

表 5-3　花芽分化后期的花椒内源激素含量

|  | IAA/<br>(ng/g) | GA/<br>(ng/g) | ZT/<br>(ng/g) | ABA/<br>($\mu$g/g) | BR/<br>(ng/g) | JA/<br>(pmol/g) | SA/<br>(pmol/g) |
|---|---|---|---|---|---|---|---|
| 黄花株 | 3.69±0.28b | 4.07±0.66a | 3.36±0.24b | 2.10±0.04b | 1.30±0.18b | 10.32±1.03a | 11.26±1.44b |
| 正常株 | 3.97±0.47a | 4.43±0.83ba | 3.66±0.49a | 2.80±0.13a | 1.43±0.11a | 10.60±1.51a | 10.15±1.06a |

一般认为，调控植物花芽性别分化的激素主要是 GA 和 CTK，GA 多促进雄花分化，CTK 多促进雌花分化。在花芽性别分化时期，较低水平的 ZT 含量与雄花分化均呈显著正相关，SA 具有可促进成花生长发育、调节种子发芽、抑制顶端优势、促进侧枝生长、调节膜透性等多种作用。喷施 SA 后有利于烟草、苍耳、柠檬等植物的开花。青花椒黄花株小花数量和质量远多于正常株，并且有利于植物开花的 SA 含量显著高于正常株。

IAA 对植物的生长发育有着十分重要的调控作用，而在花这一器官的发育过程中，雌蕊的发育主要受到 IAA 的调节。黄花中 IAA 含量显著低于正常花（雌蕊），即低水平的 IAA 可能对植株雌蕊发育造成不利影响而相应促进了雄蕊的发育。IAA、ZT 和 BR 均是有利于雌蕊发育的内源激素。上述激素的显著降低抑制了植株雌蕊发育而相应地促进了雄蕊发育。另外，IAA、ZT 和 BR 一般促进植物养分积累，其含量与植物器官发育情况呈显著正相关，但在植物受到外界胁迫时会出现不一样的相关关系。低含量的 ABA 可能使青花椒性别分化调控出现异常，无法诱导控制雄蕊凋落的相关基因表达，致使青花椒开黄花。

**3. 青花椒黄花病的调控**

目前，青花椒开黄花的根本原因尚未被探明，未找到其准确的致病因子。现有研究中有"营养不平衡说"和"病毒诱发说"等，但都还没有足够的证据和相关报道支撑，因此尚无防控青花椒开黄花的有效措施。根据对青花椒开黄花的观察和研究，比较支持青花椒受非生物因素影响而引起生理代谢失调而开黄花的说法，选择挖出或者壮树势、调激素等手段。主要采取 3 种方法进行处理。

（1）常规调控。由于青花椒树开黄花的原因未知，大多数种植户对已开黄花的枝条进行剪除，阻止其继续扩大；或对整株开黄花的树连根刨除，并进行土壤消毒。对开黄花枝条进行修剪并不能有效阻止情况变得更严重，所以种植户多倾向于见黄花即刨树并集中处理的方式。刨树后进行土壤消毒，在原树窝附近重新补植，避开原树窝栽植。但该方法一方面费时费力，重新补植一株青花椒苗到成年结果需要时间，严重影响青花椒产量且增加了种植成本；另一方面，即使是剪掉黄花的枝条，其他枝条也会有开黄花的问题存在，刨树无法根除正常青花椒树开黄花，不能从根本上解决问题。

（2）药肥组合法。青花椒黄花株存在树势衰弱的问题，通过土壤改良和化学药剂施用相结合的方式，进行青花椒种植土壤环境和青花椒生长生殖的调控，从而实现青花椒开黄花后坐果结实。针对开黄花树的树势弱、根系差，先用生物有机肥每株 1.5～2.5 kg 沿树冠撒施，松土 20 cm 左右。用氨基酸水溶肥＋大量元素水溶肥进行灌根，促进植株恢复生长势。针对开黄花青花椒树养分不平衡和花芽分化失调，也有研究指出，用碧护 2g＋益施帮 25g＋绿妃 10 mL＋保农时水溶肥 50g 兑水 15L 对全树喷雾，修复树体。在开花前用益施帮 25g＋碧护 2g＋花蕾宝 30g＋绿妃 10 mL＋阿立卡 10 mL兑水 15L 全株喷雾，促进花芽分化，增强树势，有利于保花。在谢花后再喷雾 1 次，对开黄花的青花椒树坐果提高有一定效果，但不足之处也很明显：一是使用的药剂多，处理的次数多，前后共需要进行 4 次处理，这样就比较耗时耗力；二是从第一次处理到最后一次处理中间的时间跨度长，需要 50～60 d。

（3）外源植物生长调节剂调控法。在研究中发现，青花椒花芽分化发育期黄花株与正常株脱落酸等内源激素含量存在显著差异，通过外源喷施植物生长调节剂调控青花椒生殖生长过程，有效解决了青花椒树体树势衰弱和开黄花造成花而不实的问题。具体措施为：在初花期前 10～15 d，将 0.35g 原药 2，3，5-三碘苯甲酸（TIBA）溶于 100 mL 无水乙醇中，振荡，溶液变成金黄色，其为药剂 1；0.15g 原药脱落酸（ABA）溶于 10 mL 无水乙醇中震荡溶解，其为药剂 2；药剂 1 和药剂 2 混合后加入 0.4 mL 三硅氧烷表面活性剂（TSS）摇匀，其为药物组合物，加水稀释至 1L，对青花椒叶片正反两面和嫩枝进行喷施。青花椒喷施组合药物之后，部分植株的花序出现了两性并存的现象，即既存在带有雌花性征的花柱、柱头，又存在带有雄花性征的花药

（图5-11），并且脱落酸等内源激素含量逐渐恢复至正常水平（表5-4）。喷施药剂能够有效预防或治疗青花椒开黄花的现象，抑制雄蕊的发育，促进雌蕊的良好发育，促进青花椒树体正常发育坐果。该方法中的组合药物调配简单，使用方便，能够从本质上抑制青花椒黄花病。但该方法也存在一些不足之处，因不同青花椒种植地区所处的气候、地形、海拔高度等环境因素的差别，组合药物喷施的次数、时间等对青花椒黄花病调控影响较大，在喷施时需结合青花椒的实际生长状况进行。

A                    B

图5-11 青花椒黄花株施用组合药物效果

A：第一年未施用组合药物  B：第二年施用组合药物后

**表5-4 喷施 TIBA-ABA 组合药物后的花序植物激素含量**

| | GA/ | ABA/ | JA/ | ZT/ | BR/ | SA/ |
| | (pmol/g) | (ng/g) | (pmol/g) | (pg/g) | (pmol/g) | (μg/g) |
|---|---|---|---|---|---|---|
| 正常株 | 695±99.38a | 489.13±38.99a | 14.1±1.32a | 2 075.38±109.76a | 6.58±0.85a | 33.65±6.41a |
| 黄花株 | 690.33±91.56a | 453.32±63.47a | 14.78±1.54a | 2 062.85±332.64a | 7.88±0.34b | 37.72±3.38a |

## 二、椒园土壤酸化改良技术

土壤酸化是指在自然和人为条件下，土壤酸度增加，即土壤 pH 降低的现象，其实质是土壤中盐基阳离子淋失，交换性酸增加，从而引起土壤 pH 下降。土壤酸化导致土壤容重增加，土壤板结，孔隙少，透气性差，不利于土壤中水、气、热、肥的调节，进而影响作物根系生长，影响根系对土壤中营养元素的吸收和利用。土壤酸化导致土壤养分有效性减弱、重金属活性增强，造成土壤退化，影响作物正常生长发育，最终使农作物产量与品质下降。

### 1. 椒园土壤酸化趋势明显

2019 年，重庆市花椒测土配方施肥技术协作组组织重庆市 9 个主产区（县）的代表性青花椒园，采集了 52 个土壤样品，开展土壤 pH 专项调查。其中，江津区 16 个、永川区 12 个、铜梁区 6 个、丰都县 5 个、潼南区 4 个、荣昌区 3 个、开州区 3 个、九龙坡区 2 个、万州区 1 个。采集的 52 个样品，pH 平均值 5.68，变幅 3.9～8.2，中性及微碱性的土壤样品（pH6.5 以上）17 个，占 32.7%，中等酸性及微酸性土壤（pH4.5～6.5）的土壤样品 21 个，占 40.4%，强酸性的土壤（pH＜4.5）14 个，占 26.9%。2013 年重庆市江津区青花椒主产区土壤 pH 均值为 5.99，呈南低北高的空间分布，2013 年定位监测点椒园土壤 pH 较 2006 年下降了 0.54 个单位，土壤酸化进程快（参见第三章第四节）。比较江津区 2005 年和 2016 年土样的化验结果，江津区青花椒园土壤养分状况发生了较大的变化：中性及微碱性的土壤（pH6.5 以上）面积由 56% 下降到 38%，中等酸性及微酸性土壤（pH4.5～6.5）面积由 41％ 上升到 58％，强酸性土壤（pH＜4.5）面积变化不大，由 3％ 上升到 4％，说明江津区青花椒园土壤由微碱性逐渐向微酸性、中等酸性发育，土壤酸化加重。比较 2016 年和 2019 年土样的化验结果，江津区青花椒园土壤中性及微碱性的土壤（pH＞6.5）面积由 38％ 下降到 31.25％，中等酸性及微酸性土壤（pH4.5～6.5）面积由 58％ 下降到 37.5％，强酸性土壤（pH＜4.5）面积由 4％ 上升到 31.25％，说明江津区青花椒园土壤由微酸性向中等酸性、强酸性转化，土壤酸化加重。

比较 2015 年和 2019 年青花椒园土样化验结果，永川区青花椒园土壤中性及微碱性的土壤（pH＞6.5）面积由 30.5％ 下降到 26.6％，中等酸性及微酸性土壤（pH4.5～6.5）面积由 64.8％ 下降到 48.9％，强酸性土壤（pH＜4.5）面积由 4.3％ 上升到 24.5％，说明永川区青花椒园土壤由微酸性向中等酸性、强酸性变化，土壤酸化加重。

**2. 椒园土壤酸化分析**

在青花椒树盘下，因为施肥区域的不同，酸化情况差异明显。例如，在重庆市酉阳县甘溪镇花椒科技园内，青花椒树盘下施肥区土壤 pH（4.4）较未施肥区土壤 pH（5.0）低 0.6 个单位，这说明长期环状（集中）施肥会加重酸性土壤的酸化，局部土壤酸化严重。采用土壤调理剂治理试验 1 年后，与常规施肥比，酸性土壤 pH 提高 0.4～0.7 个单位；中性土壤 pH 提高 0.2～0.8 个单位；土壤中交换性钙、交换性镁的含量明显提高。

据第三章（青花椒园土壤营养特性）相关内容，椒园土壤 pH 与土壤有效微量元素含量呈显著负相关，微量元素含量的增加与土壤 pH 下降有关。张福锁等研究表明，氮肥的过量施用是导致我国农田土壤严重酸化的主要原因，尤其在果园生产中农户氮肥的投入量显著高于粮食作物投入量。江津区九叶青花椒生产农户平均纯氮投入量高达 351 kg/hm²，相比高产高效椒园的氮素投入量（272 kg/hm²）高出29.0%，氮肥过量施用农户占比高达 21.9%。根据重庆市花椒测土配方施肥技术协作组监测数据，7 年间（2013—2020 年）椒园土壤碱解氮含量虽提高了 34.2%，但仍处于中等偏低水平。椒园氮肥投入虽然较多，但农户多为撒施，重庆地区夏季高温多雨，撒施的氮肥易挥发、径流、淋洗，氮肥利用率低。椒农施用的钾肥以硫酸钾为主，且青花椒树周年钾元素累积量达 200 kg/hm²，青花椒对钾元素的吸收量较大，可能导致 $SO_4^{2-}$ 的累积，进而引起土壤酸化。此外，有研究表明作物带走大量的钙、镁离子也是土壤酸化的主要驱动因素之一，青花椒周年带走的钙、镁量分别为153 kg/hm² 和 35 kg/hm²，这也可能是椒园土壤酸化的主要原因。因此，改良重庆市青花椒园土壤 pH 对青花椒绿色可持续生产具有重要意义。

### 3. 椒园土壤酸化改良技术

近年来，重庆市花椒测土配方施肥技术协作组在酉阳县甘溪镇花椒科技园（土壤 pH 4.8）、荣昌区广顺镇花椒基地（土壤 pH4.3）等地开展了椒园土壤酸化改良试验。技术协作组在重庆市永川区鹿家坡塞修花椒种植场（土壤pH 5.2），开展了青花椒施用生物炭的试验。多地多点试验反馈，采用土壤调理剂处理与常规施肥相比，酸性土壤pH 提高 0.4～0.7 个单位；中性土壤 pH 提高 0.2～0.6个单位。

对酸化土壤的改良研究主要集中在两个方面：一是施用土壤改良剂，二是采取农艺措施。

（1）石灰。施用石灰是缓解土壤酸害，促进作物吸收养分，提高作物产量及品质的重要措施之一。关于石灰改良酸化土壤的研究有很多，施用石灰可以提高土壤 pH 和改善土壤有效养分状况。土壤培养试验表明，石灰用量与供试酸性土壤 pH 及钙、镁、硅等的有效含量呈显著正相关。石灰作为公认的酸性土壤改良剂，能够在短期内迅速提高土壤 pH，但停止施用后易造成土壤"复酸化"。

（2）生物炭。生物炭是作物秸秆等有机物在缺氧条件下，在低于 700 ℃下裂解的固体产物。经高温裂解后，生物质芳香化程度加深，孔隙率与比表面积增大，且在表面产生一定数量的碱性基团。施用生物炭能增加土壤孔隙度、降低土壤容重、增加土壤阳离子交换量、增强保水性能、提高作物对氮素的吸收利用，进而提高土壤肥力水平和作物产量。生物炭是改善土壤酸化状况，提高土壤盐基饱和度，改善土壤理化状况，增强土壤保肥能力的重要物质。但生物物料经高温裂解后自身芳香化程度加深，其中部分多环芳烃在土壤中无法分解，长期施用生物炭将导致该类物质在土壤中积累，可能造成土壤的次生污染。因此，生物炭在酸化土壤改良上的应用还需要深入研究。

（3）土壤调理剂。土壤调理剂指加入土壤中用于改善土壤物理、化学或生物性状的物料，用于改良土壤结构、降低土壤盐碱危害、调节土壤酸碱度、改善土壤水分状况或修复污染土壤等。土壤调理剂种类很多，其中白云石和碱渣是两种重要的酸性土壤调理剂。白云石加入土壤中 90 d 后，土壤潜性酸含量基本稳定，且不同质量的白云石与有机肥配施能有效降低土壤中潜性酸含量。

（4）均衡施肥，增施有机肥。有研究表明，某些植物物料对酸性土壤有一定的改良作用。紫云英、苕子和豌豆秸秆对酸性土壤的改良效果明显，试验结果表明，3种植物秸秆均可不同程度地提高土壤pH，同时增加土壤阳离子交换量，减少土壤中交换性铝的含量。花椒地推广绿肥种植有利于减少杂草丛生，减少人工除草和化学除草费用，每亩地可节约人工除草费用360元或化学除草剂费用100元。

# 三、特殊气候的应对防控技术

重庆市青花椒主产区个别年份会发生冻害和霜害，海拔较高区域也容易发生冻害，必须采取合理的防护措施，确保树体安全越冬和产量稳定。极端低温是造成花椒冻害的直接原因，当外界温度比花椒植株极限忍耐温度低时，会引起树体细胞内结冰和细胞外结冰。细胞内结冰是指原生质体和液泡相继冻结，冰晶破坏了原生质体的结构，生物大分子结构受损；细胞外结冰指细胞间隙中靠近细胞壁的水分结冰，导致原生质体过度失水，蛋白质凝固变性，同时冰晶可能对原生质体膜造成机械损伤，使细胞失去生活力。气温下降速度快、幅度大、持续时间长或解冻迅速，都会加重冻害程度。青花椒在休眠期，幼树遭遇－18 ℃、大树遭遇－25 ℃的极端低温时，或在早春萌芽、枝条生长期遭遇－2～－1.5 ℃时都会引发冻害。冬季异常低温可使青花椒树体遭受不同程度的冻伤，影响萌芽、生长和开花结果。

**1. 低温冻害及症状**

花椒树各部位对低温的抗性有一定的差异，受冻伤后的症状也不一样。

（1）根颈冻害。根颈是花椒树地上部和地下部进行营养和水分传输的关键部位，因其接近地表，最容易受冻和受伤害。根颈受冻时皮层变黑褐色，引起树体春季发芽晚，树势生长不良，严重时全株死亡。青花椒为浅根系树种，抗寒性差，冬季持续异常低温下易发生冻害。

（2）树干冻害。主要受害部位是距地面 50 cm 以下树干和主枝。冻伤后树皮纵裂翘起外卷，若冻伤轻，纵裂长度短，可愈合；若冻伤重，则纵裂伤口长，不能愈合，整株死亡。

（3）枝条冻害。多发生在 1～2 年生枝条，枝条受冻引起枝梢枯死，冻害越重枝梢枯死部分越长，严重时造成整枝枯死。早春青花椒树萌芽期受冻后，会使花芽、新梢的幼叶、花蕾萎蔫，呈青褐色，直至干枯死亡。

**2. 冻害防护措施**

（1）加强栽培管理。除去丘陵、山区地形复杂，利用小地形、小环境避开霜冻。青花椒园建设要因地制宜，避免将青花椒树栽植在背阴和迎风的坡地；避免栽植在风口、谷底、洼地、阴坡、台塬等冷空气沉积的地方和寒冷的地块。同时增施有机肥，增加细胞质浓度，提高耐寒性。

（2）堆烟法。将发烟材料（枯枝落叶、杂草、麦秸等）堆放于椒园上风口，每堆约用柴草 25 kg，每亩椒园设 4～5 个烟堆。在霜冻来临时点燃发烟，形成 2～3 m 的烟雾层，持续 3～5 h，可有效防止霜冻发生。也可将硝酸铵、柴油、锯末按 3∶1∶6 的质量比混合，分装在牛皮纸袋内，压实、封口，每袋装 1.5 kg，可放烟 10～15 min。使用时将牛皮纸袋挂在上风口引燃，使烟雾笼罩椒园。可加入少量黏土和油脂，充分搅拌均匀，涂抹在树干和主枝上。既可防冻还具有杀虫灭菌、防止鼠兔啃食树皮的作用。

（3）树体保护。一是树干涂白，即用生石灰 15 份、食盐 2 份、豆粉 3 份、硫磺粉 1 份、水 36 份，充分搅拌均匀，配成涂白液。在青花椒树体落叶后进入休眠期时，将配好的涂白液涂抹在树干和树枝上，遇到涂抹不上的小枝可以将涂白液喷洒在上面。此方法不但可以防冻，还具有杀虫灭菌、防止野兽啃树皮的作用。二是包裹树体，即入冬后用秸秆将树体包裹越冬；也可以将蒿草、苇席、塑料膜、编织袋等物品围捆在树冠上，可防止冻害，幼树最适宜用此法防冻。三是树干培土，这种方法可保护根颈免遭冻伤，提高抗寒力，安全越冬。四是灌水增温，即在低温到来时灌水，提高地温，防止冻害。

**3. 冻害补救措施**

青花椒冻害发生后不能消极等待，要积极组织椒农采取挽救措施，减轻霜冻灾害损失。

霜冻降雪天气，应组织农户及时抖掉树体上的积雪，减轻冰雪冻害。对受冻的花椒树，在气温稳定回升后，对冻伤严重的干枯枝条应及时剪除，以抑制水分蒸发。如果修剪伤口较大，锯口应涂蜡液包扎保护或涂抹 50 倍的机油乳剂。霜冻过后剪掉冻黑的枯枝，有利于新芽萌发。可以在树体喷施 1% 硼砂、0.3% 磷酸二氢钾或 0.5% 尿素，便于恢复树势。注意防治病害发生，树体喷布 0.3 波美度石硫合剂或 40% 代森锰锌 800 倍液。要精心管理恢复树势，加强青花椒园肥水管理和病虫害防治，增强树势，确保来年增产丰收。

# 第六章
# 青花椒综合营养管理技术模式及案例

## 第一节　青花椒综合营养管理技术模式

### 一、青花椒优化施肥技术

在重庆市等西南丘陵山区气候和土壤环境条件下，青花椒优化施肥技术是根据九叶青花椒营养亏缺状况提出的施肥管理模式。该技术是重庆市花椒测土配方施肥技术协作组多点多年试验的研究成果，2013 年以来累计推广 5 万亩，得到行业认可，具有先进性，业主增收显著。

**1. 技术要点**

参见第四章第三节。

（1）施肥量。单株青花椒全年施用化肥纯量 0.25～0.55 kg（通用配方肥 15 - 7 - 13，实物量约为 0.75～1.5 kg；3 年以下树龄 0.75 kg；3～8 年树龄 1～1.4 kg；8 年以上树龄 1.5 kg），根据树势适当调整；推荐 N、$P_2O_5$、$K_2O$ 比例为 1：（0.4～0.6）：（0.6～0.8）。每株施用商品有机肥 1～2 kg 或腐熟油饼 0.5～1 kg，可以替代 15%～30% 的化肥用量；有条件可增施钙、镁肥，中、微量元素肥及堆沤肥。

（2）施肥时期。全年分 3～4 次施肥，一是促花肥，春季 2 月为促进花芽分化，施用 30% 的氮肥、10% 的磷肥、20% 的钾肥，春肥冬施可提前到上年 12 月。二是壮果肥，3—4 月为花椒幼果速生期，施用 10% 的氮肥、10% 的磷肥、20% 的钾肥。三是促梢肥，采摘前 8～15 d，一般在 5 月底 6 月初，施用 50% 的氮肥、80% 的磷肥、50% 的钾肥。四是基肥，10—12 月越冬前，施用 10% 的氮肥、10% 钾肥，全部有机肥。中、微量元素肥可与有机肥混合作为基肥施用，也可与氮、钾肥混合在春季施用，还可在春季根外追施；以春季施用为好。

（3）施肥方式。根据花椒树根系分布特点、土壤质地、肥料种类等来确定施肥方式。常用的施肥方式：一是条状施肥法，即在行间开沟，施入肥料，也可结合青花椒园深翻同时进行，适宜宽行密植的青花椒园；二是环状施肥法，即以树干为中心，在树冠周围滴水处挖一环状沟，长 30～50 cm，宽与深 15～20 cm。肥料与有机肥混匀施入后，覆盖填平（参见第四章第三节）。

**2. 适宜区域**

主要适用于海拔 800 m 以下，椒园中土壤有机质含量低于 20 g/kg 的种植区域。

**3. 增产增效情况**

青花椒优化施肥技术可以满足成年青花椒树盛果期每株 10～15 kg 鲜椒产量，同时培肥地力，减少污染。

**4. 注意事项**

第一，施肥时注意土壤墒情，适时补水。第二，提倡增施有机肥，在青花椒园林下种植绿肥，适当减少化肥用量。第三，种植密度影响施肥量，密度大的区域应适当减少。第四，该技术应与其他农业措施（如修枝整形、标准化栽培、病虫害绿色防控等）配合使用。

## 二、青花椒综合营养管理农事推荐

以青花椒绿色高效生产为核心，以土壤、肥料、青花椒和周围环境为主体，实现青花椒年生长周期和全生命周期及地上部和地下部营养的高效协同调控与管理。协调植物营养，发挥植物最大生物潜能。

### 1. 1月

青花椒耐旱怕涝、喜温喜钙。重庆市1月天气逐渐进入当地全年最冷的时期，青花椒仍处在越冬休眠期。由于重庆基本无冰冻，所以青花椒树体进入休眠、根系仍在更新。本月青花椒田管技术要点建议有3条。

第一，关注气温，补施越冬肥。重庆1月气温变化较大，大部地区日最低气温2～6 ℃，山区−4～1 ℃；日最高气温达12～14 ℃。本月耕作层土壤温度大多在8～11 ℃。海拔较高的区域，可以熏烟防霜，阻止地面热量散失（每亩地1～3堆，注意远离花椒树体，于寒潮来临的傍晚点燃，可提高近地面空气温度1～2 ℃），避免花椒幼树或结果树的花芽受到冻害。全市旱地土壤墒情大部适宜，部分不足，局部过多或干旱。没有施越冬肥的青花椒园地，可以继续补施越冬肥，注重有机无机相配合原则，成年盛果期花椒树建议每株施用有机肥2～5 kg（参见表4-10）。本月施肥宜在树冠滴水线附近开沟施肥，可采用单边沟、双边沟或放射状沟，有机肥应集中施用、配方肥深施覆土。开沟深20～30 cm，这次可以挖得略深一些，把有机肥集中施入，基肥施入后，覆土时沟不覆盖满，在春季和夏季追肥时，肥料可以继续均匀地施在这个沟内，每次都回覆一些土，直到最后一次追肥，再用土把沟覆满，即"一沟双覆"。

第二，清除青苔，加强冬管。青花椒园土壤青苔繁殖、树体上青苔密布的情况很普遍，可以通过翻土、清园等措施，减少青苔为害。树体青苔常发生在近地面的枝干上，青苔通过寄生的方式吸取树体营养，削弱植株的光合作用。本月可以通过除草松土提高土壤透气性，对树干用石灰水或石硫合剂进行刷白，可以保护树干，防治青苔蔓延。

第三，关注落叶，加强防控。由于2020年青花椒价格大幅下降，农户对青花椒树体管护热情消减，出现青花椒大面积落叶等情况。要分析根部是否感染病害、是否因排水不畅造成泡根、烂根等。还要考虑缺肥或病害，关注锈病的发生。可以采用生物农药：乙蒜素＋睛菌唑或吡唑醚菌酯防治。乙蒜素为40%～60%、睛菌唑为10%～12%，可以防治白粉病、锈病、纹枯病；乙蒜素为60%、吡唑醚菌酯为10%，可以防治霜霉病等真菌性病害。

**2. 2月**

2月有立春和雨水两个农时节气，气温逐渐回暖，青花椒树体结束越冬休眠，新叶片和花芽恢复萌发，将进入萌芽开花期。"收多收少2、3、4"，本月青花椒田间管理进入关键时期，具体操作技术要点有3条。

第一，气温回暖，适时除草。重庆市春季（2月4日至5月3日）常年气温在1～19℃，平均气温17.2℃，各地在13.7～18.5℃；降水在199～412 mm，春季的日照时数变化范围是175～411 h，变幅较大。重庆市春季气温回暖较快，本月耕作层土壤温度大多在9～13℃。重庆市容易出现春旱，青花椒耐旱，土壤情况较适宜。本月应尽量铲除椒园杂草，配合表层松土，减少病虫害发生。

第二，摘除无花嫩尖、促进花芽萌发。年前尚未采取摘心（断尖）控梢处理的椒树，应及时摘除无花嫩尖，控制花椒顶端优势，促进花芽分化。有条件的农户，可以采取叶面肥喷施等措施，促进叶片新生和花芽萌发。建议喷施尿素、磷酸二氢钾等叶面肥，促进枝梢生长；在开花期和幼果期喷施硼酸、磷酸二氢钾等可减少落果，提高坐果率。同时注意喷施浓度，尿素和磷酸二氢钾控制在 $0.2\%\sim0.5\%$ 为好，硼酸和硼砂控制在 $0.1\%\sim0.2\%$ 为好。浓度过高易造成叶片烧伤，浓度过低会增加工作量，影响肥效。

第三，刮除树干粗翘皮，做好病虫害防控。需加强巡护检查，刮除树干粗翘皮、流胶病病斑，预防病害蔓延。萌芽初期是红蜘蛛的高发期，短暂的高温晴朗天气易引起红蜘蛛暴发，要及时防治。防治措施除传统化学农药外，可以采取生物农药如捕食螨等进行防治。如用克螨特防治红蜘蛛，气温高于 20 ℃以上时，用 73%克螨特乳油 2 500 倍液效果较好；但在 20 ℃以下时，克螨特的防治效果不太理想。克螨特与对螨卵有较好杀伤力的哒螨酮、阿维菌素、浏阳霉素等可交替使用。

**3. 3 月**

3 月是青花椒的花蕾期和花期的关键物候期。俗话说"收多收少 2、3、4"，开春后，青花椒叶片大量萌发，需抓准农时，加强田间管理，确保丰收。本月青花椒田间管理具体操作基本有 2 条。

第一，促叶促花，适时追肥。虽然重庆容易出现倒春寒，最低气温下降到 7~8 ℃，地温也下降了 1~2 ℃，但是本月耕作层土壤温度大多在 11～15 ℃，青花椒的叶片和花芽发育正常，影响不大。春季施肥，要以速效、高氮、高钾为好，根据不同产量水平，推荐施用花果肥，其配方和用量参见表 4-10。本月施肥建议在树冠滴水线附近开沟施肥，可在秋、冬季开挖的单边沟、双边沟或放射状沟上继续施肥覆土，配方肥一定要深施。肥料深施，可以有效减少肥料用量，提高肥料利用率。

如果本月青花椒花芽、叶芽较少，可以在叶面适度喷施磷酸二氢钾和硼酸，促进开花坐果。注意喷施时间最好选择无风阴天或湿度较大、蒸发量小的上午 9:00 以前，在下午 5:00 以后喷施最适宜，如喷后 3～4 h 遇到下雨，则需进行补喷。叶面喷施重点在叶片背面，不能只喷叶片正面，喷施后以叶片正反面均有水珠且刚好要滴落时最好。

第二，适度修剪，减少落花落果。青花椒枝条顶端芽体最早萌发，然后一直往下的芽体逐渐萌发，时间差异在 7 d 左右，提高萌芽整齐度，可有效提高坐果率。因此，应及时剪除新发嫩枝和无花枝条，特别是花序上的嫩枝，促进枝条上端和中下端芽体萌发，减少养分的损耗，以减少后期落花及落果。

本月不需施用任何药剂，避免伤花而引起减产。如遇蚜虫、红蜘蛛发生强度大时需要喷药防治，但尽量不使用乳油、矿物油类药剂，可以采取生物农药防治的方法。

## 4. 4 月

4 月时青花椒会进入果实膨大期，属于关键物候期。俗话说"收多收少 2、3、4"，4 月的保果成败决定全年收成好坏。青花椒花期遇到气温起伏、阴雨和大风，对青花椒不太有利，建议抓准农时，加强田间管理，确保丰收。本月青花椒田间管理具体操作有 2 条。

第一，关注天气，加强控梢保果。通过长期定位监测，本月耕作层土壤温度大多在 14～19 ℃，青花椒逐渐进入果实速生期。春季施肥，要以速效、高氮、高钾肥为好，3 月尚未施肥的，4 月时应抓紧追肥。根据不同产量水平，每株用高钾配方肥 3～6 两 *，推荐配方和用量参见表 4 - 10。本月施肥宜深施覆土，坡地可以探索"一沟双覆"的操作，可在秋冬季开挖的单边沟、双边沟或放射状沟上继续施肥覆土。适时叶面追肥，叶面喷施磷酸二氢钾和硼酸，可有效提高青花椒坐果率。在叶片数量足够的情况下，建议及时剪除新发嫩枝，特别是果序上的新梢，保证营养集中供应花椒果实，减少后期落果。

第二，适时除草和防治病虫害。有条件的青花椒园，秋、冬季种植绿肥（光叶苕子、箭筈豌豆等）可以实现行间覆盖，大幅减少除草剂使用。"花椒不除草，当年就衰老"，应及时清除树盘底下的杂草，在杂草高度达到 20 cm 时，可进行人工割除，配合清耕培土效果更佳。这个季节是跳甲、蜗牛、蚜虫、螨虫、吉丁虫、介壳虫等虫害的高发期，可以采取物理防控、化学药剂和生物防控手段。例如，介壳虫发生较重的，可以用钢丝刷刷除介壳虫后，再喷涂化学药剂。防治红蜘蛛可采用捕食螨、石硫合剂、克螨特、螨危，对蚜虫采用 25% 唑蚜威乳油等，对跳甲等可以采用 5% 氯氰菊酯乳油 800～1 500 倍喷施树冠下土层和树冠，对吉丁虫用丙溴辛硫磷 300 倍液＋杀虫单 800 倍液喷树干；防治蜗牛可以在树盘土地表面撒一些生石灰或者使用化学药剂四聚乙醛喷洒树根部。

---

* 两为非法定计量单位，1 两＝50g。——编者注

**5. 5月**

5月是青花椒的果实膨大期，应防止生理落果。5月青花椒果实的膨大和品质仍有提升空间，建议5月抓紧壮果提质，抹芽促壮，确保丰收。本月青花椒田间管理具体操作要做到2条。

第一，壮果提质，抹芽促壮。5月开始入夏，重庆市夏季（5月4日至8月6日）平均气温26.4℃，各地在23.2～27.7℃；降水在398～720 mm，日照时数在306～578 h。通过长期定位监测，本月耕作层土壤温度大多在19～23℃。精细化管理的业主可以考虑追施夏季采果肥，要以注重氮、磷、钾养分均衡的速效肥为好。为提高品质和减少落果，根据不同产量水平，建议采用叶面追肥的方式，肥料品种可以采用尿素（浓度建议0.3%～0.5%）、磷酸二氢钾（浓度建议0.2%～0.5%）和硫酸锌（浓度建议0.1%～0.3%）等元素混合或者直接采用大量元素水溶肥，按照说明兑水使用。同时，枝条上嫩芽、嫩叶萌发较多，应及时抹除新发嫩芽，保证营养集中供应花椒果实，减少后期落果。

第二，根据青花椒生长情况，防治红蜘蛛、半跗线螨、蚜虫等虫害的发生，增加花椒微量元素的补充，促进椒树正常生长，注意防治桑拟轮蚧等树干虫的发生（参考4月的防治方法）。

**6. 6月**

6月时，青花椒进入果实成熟期，油包逐渐饱满。一般在6月多鲜食青花椒，可以适时采摘。田间管理具体操作内容如下。

第一，适时采摘，深度下桩。6月有芒种和夏至2个节气，重庆市大部6月气温多在22～30℃，耕作层土壤温度大多在 23～27 ℃。可以适时采摘用于加工的青花椒鲜果，多采用剪枝采摘法，将有椒果的枝条连果带枝一并剪下，就地摘果或搬运到阴凉地方摘果。6 月份采用主枝回缩修剪，深度下桩法，即基桩可保持 2～3 cm 的长度，可以不保留辅助枝。椒树经过修剪后，有条件的当天可选用杀菌剂喷雾树体，促进伤口愈合、新梢生长。

第二，储藏鲜青花椒，防止霉变。鲜青花椒经采摘后，如遇雨天，不能及时晒制、加工，可以将花椒摊放在干燥、阴凉通风效果好的地面，摊放时一定要让花椒松散，高度一般不超过 33.33 cm，此方式可以储藏鲜椒 1～3 d。如果有储藏库，可以将鲜青花椒用塑料筐装好，整齐堆放到中温库内（库温 0～10 ℃），入库后及时将温度控制在 0～5 ℃，10 h，然后恒定在 10 ℃ 左右，此方式可储藏鲜椒 7～10 d。如果有低温冻库，可储藏其为保鲜花椒，但必须经过灭酶、真空包装后，先速冻 24 h 冷储（−20 ℃），再转入恒温库冷储（−12 ℃ 以下），此项储藏措施可保证青花椒 1 年以上不变色、不变味。

第三，适时施肥，确保营养。在养分需求与供应平衡的基础上，施肥应坚持有机与无机相配合；坚持基肥与追肥相结合；坚持科学施肥技术与其他生产管理技术相组合。6 月采摘后，可以把多余的枝条粉碎还田，这是很好的有机肥源；等枝条萌发后，适时追施促梢肥（具体推荐配方和用量参见表 4-10）。施肥方式上，可采取开沟深施。这时，田间枝条较少而方便农事操作，可以将相应的有机肥料一并施入施肥槽，然后覆土。

### 7.7 月

2020 年时重庆市青花椒从 6 月初开始采摘，7 月时一些青花椒树体新梢开始萌发生长，需做好管护工作。

第一，青花椒园应做好开沟排水工作，低洼易涝的地方开沟深度最好在 50 cm 以上、宽度在 40 cm 以上，防止青花椒树因根系淹水致死。因为青花椒树根系耐水性极差，最怕水涝，土壤排水不良、含水量过高都会严重影响青花椒生长。

第二，各地旱地土壤墒情大部分过多，部分适宜，局地不足。0～20 cm 耕层土壤相对含水量多为 60%～80%；20 cm 以下土壤相对含水量 80%～95%，处于土层浅薄的坡地或台地，墒情略有不足。重庆市土壤墒情整体上青花椒使用促梢肥对于墒情较适宜，注意在雨后开沟深施。

第三，7 月份青花椒处于果实采收期、新梢生长期，采用主枝回缩修剪技术，基桩保持 5～7 cm 的长度，同时保留 1～2 个辅助枝，以促进营养平稳与养分循环，保障青花椒树体新梢生长，降低椒树死亡的风险。椒树经过修剪后，有条件的当天可选用杀菌剂喷雾树体，促进伤口愈合，新梢生长。对于在 6 月份采收较早的青花椒树，新梢生长已达 30～40 cm，可以进行疏枝工作，当年建议每株花椒保留 40～60 根结果枝条。

第四，促梢肥可施用氮、磷、钾配合式为 22-8-10 或者近似配方的高氮复混肥（参见表 4-10）。每亩椒园根据目标产量施用肥料 25～40 kg 不等，务必开沟深施。田间枝条较少方便农事操作，可以将 400 kg 左右的有机肥一并施入施肥槽，然后覆土。

第五，7 月是蚜虫、半跗线螨、红蜘蛛、凤蝶、桑拟轮蚧、锈病、叶斑病的高发期，在病虫害发生初期应及时选择综合防治方案。在半跗线螨发生初期，可结合防治红蜘蛛，选用阿维·螺螨酯＋顺式氯氰菊酯＋唑醚·代森联（防治螨类、凤蝶、炭疽病）等高效低毒药剂进行防治。防治树干虫，可用联苯·啶虫脒或啶虫·毒死蜱（该药为蔬菜上限制用药）。

**8. 8月**

青花椒的田间管理，素有"结多结少8、9、10"一说，正确把握好这几个关键月，青花椒才有丰产的基础。8月的田间管理技术需注意的有5条。

第一，8月重庆市大部地区将陆续进入阶段性晴热少雨时段，将持续至8月下旬前期。重庆市平坝、河谷地区极端最高气温可达40～42 ℃。大部地区最高气温超过35 ℃的高温天数为15～28 d，较常年（10～23 d）偏多5～7 d。因此，8月青花椒园不宜除草，尽量保持生草覆盖或保留绿肥，减少地面水分损失，降低地温，增加土壤抗旱能力。

第二，重庆全市各地旱地土壤墒情大部适宜，部分干旱，局地不足或过多。0～20 cm耕层土壤相对含水量多为30%～70%；20 cm以下耕层土壤相对含水量50%～80%；土层浅薄的坡地或台地，干旱或不足居多。8月不宜大量施用花椒促梢肥。要注意青花椒园的抗旱，有水肥一体化设施的可在早晚滴灌降温补肥。

第三，8月份重庆市青花椒大多在新梢旺长期，部分处于果实采收期。8月以采收干青花椒为主，青花椒经采收后树体进行轻度修剪，在结果枝20～30 cm处进行短截或疏除徒长枝操作；剪除病虫枝、干枯枝、重叠枝、交叉枝、密生枝、细弱枝；对结果枝适当回缩修剪，保留5～8个辅养枝，预留更新枝。花椒树经过修剪后，有条件的种植户当天傍晚可选用杀菌剂喷雾树体，促进伤口愈合、新梢生长。对于7月采收较早的青花椒树，新梢生长已达40～70 cm，可以进行疏枝工作，一般每株保留40～60根结果枝条。开展叶片营养诊断，8月可采集枝条中、下部完全展开（生理成熟）的叶片，每个采样点选择8~10株树，每株采摘20片以上，每个样品的叶片数应在200片左右。

第四，8月应继续搞好采收后的田间管理，选留好结果枝、抹去弱枝；可以通过一定的调控技术（烯效唑）和补偿中、微量元素，控制新梢徒长，促进枝梢木质化。

第五，8月应以防治蚜虫、桑拟轮蚧等虫害为主，它们主要刺吸食嫩叶的汁液，引起叶片背面蜷缩、畸形，使叶黄枝枯，树势衰弱，甚至整株死亡。在虫害发生初期应及时选择综合的防治方案，选用4 000倍24%螺虫乙酯悬浮剂＋1 000倍5%氯氰菊酯·吡虫啉乳剂等高效低毒药剂进行防治。

### 9. 9月

9月有白露和秋分两个节气，白露前后青花椒种子充分成熟，果实由绿转红，极少量种皮出现开裂，正是采种的最佳时间。同时，6—7月已经采收修剪的椒树，枝条生长旺盛并逐步老化，需要疏枝修剪、收老控梢等农事操作。9月的田间管理技术要点有3条。

第一，土墒适宜和气温下降。9月时高温结束，重庆市月平均气温21~28℃，最高温一般不超过35℃。全市旱地土壤墒情大部分趋于适宜，少部分干旱。对采摘迟、还没有施月母肥的树，待下过浸透雨后要抓紧施肥。本月应尽量铲除杂草，保证椒园清洁，树冠投影范围内不宜使用除草剂。

第二，重在疏枝管梢。经过7—8月的新梢萌发与枝条生长，新梢长度已达60~80 cm，结合树势强弱和气候因素，秋季应疏除生长旺盛枝、病虫枝、老化枝、下垂枝、交叉枝、重叠枝等过密的辅养枝，可从基部剪去。疏枝时应注意动作，防止其他枝条碰断、拉伤。正值青花椒新梢老化期，可以采用一定的调控技术（收老药），控制新梢徒长，促进枝梢木质化。同时可补充微量元素，积累营养，以增加抗逆能力，更好地促进花芽分化形成。疏枝标准方面主要是控制新梢徒长，调节枝条养分的分配，改善通风透光条件，提高光合效能，促进枝梢木质化，促进花芽分化，最终实现枝粗枝短，促增产。疏枝最好实现"东西南北美观、四面八方匀称、前后左右通畅"。一般盛产期的青花椒树保留结果枝的数量在 40～60 枝，培养结果枝的基颈直径在 0.8～1.8 cm，当 12 月枝条摘尖时保持枝条长度在 1.2～1.5 m。达到这个标准，就可实现"枝少枝粗枝条短，果大果多穗子长"的高产效益。

第三，病虫害防治。针对病虫害防治主要有 4 个方面。

①花椒蚜虫。蚜虫主要危害叶片、嫩枝梢，9 月容易发生抗性蚜虫。在蚜虫危害初期可选用 70％吡虫啉 3 000 倍液喷施防治。一旦蚜虫及抗性蚜虫大暴发时，需及时选用 5％氯氰菊酯・吡虫啉 1 000 倍液或者 17％氟吡呋喃酮 1 000～1 500 倍液防治，迅速控制蚜虫蔓延。

②半跗线螨。9—10 月是花椒半跗线螨发生高峰期，以吸食叶片汁液为害，花椒叶受害后叶背部出现黄褐色斑点，并向叶背弯曲。防治方法：阿维 2％＋螺螨酯 20％ 1 500 倍液喷雾叶背防治。

③花椒锈病。9—10 月是花椒锈病发病盛期，降雨频繁更容易发生；从树冠下部叶片发生，并由下向上蔓延。受害叶片呈黄色或锈红色圆点病斑，重者会造成病叶全部落光。防治方法：肟菌 10％＋戊唑醇 20％ 1 200～1 500 倍液喷雾叶背防治。

④花椒斑点落叶病。在发病初期，被害叶片表面出现点状失绿斑，以后病斑逐渐变成灰色至灰褐色小圆斑。斑点落

叶病发生于9—12月，引起椒树提前落叶导致减产，因此应以早期预防为主。该病防治药剂与花椒锈病相同。

**10. 10月**

"秋管梢、冬管叶"，10月份青花椒枝条在老化末期，枝条长度、粗度基本定型；又在花芽起始分化和养分积累期。一般10月底，青花椒新生枝条和叶片的干物质累积占比分别达到20%和15%左右。因此，青花椒应关注秋冬季施肥、压枝疏枝和补栽除草等农事操作。青花椒10月的田间管理技术要点有4条。

第一，看地施肥，注意土壤墒情和地温、气温。从各地土壤墒情监测结果看，全市旱地土壤墒情大部适宜，部分过多；10月地温基本稳定在18～21℃。秋、冬季施肥，要注重有机与无机相结合的原则，正常结果树每株施用有机肥2 kg以上。根据不同产量水平，施用越冬肥的配方和用量参见表4-10。10月在树冠滴水线附近开沟施肥，可采用单边沟、双边沟或放射状沟，有机肥应集中施用；配方肥应深施。

第二，适时压枝（拉枝），促进花椒光合作用。受低温阴雨影响，椒农施药时间较少，收老药喷施不到位，很多区域枝条老化程度不够，应及时采取科学的压枝方式来提高结果枝的老化程度。应从10月中、下旬开始，生长较强的花椒树早拉枝，生长较弱的花椒树迟拉枝。控制枝与枝之间的距离和开张角度，使花椒树无中心枝，增强花椒树光合作用，延伸结果部位，增加来年产量。盛产树的结果枝应根据椒园的行间距情况，保留40～60根，以提高结果枝的健壮度和果实的千粒重，减少施药面积，减少后期管护成本。

第三，及时除草补栽，确保树满园，提高土地利用效率。10月应尽量铲除杂草尤其是树盘底下的杂草，保证椒园清洁，树冠投影范围内不宜使用除草剂。有条件的园可以撒播毛叶苕子等绿肥作物的种子（最佳时间在9月底、10月初）。部分椒园出现死树，10月到11月中旬是秋季栽植最佳时间，此时青花椒树体逐步进入休眠期，地温尚高，利于苗木根系生长。

第四，病虫害防治。参照9月的田间管理要点。

**11. 11月**

11月有立冬、小雪两个节气，青花椒逐渐进入越冬休眠期。"秋管梢、冬管叶"，11月青花椒田间管理技术要点有3条。

第一，花芽生理分化，关注地温和天气。重庆全市气温逐步降低，11月平均气温是12～17 ℃；11月耕作层土壤温度大多在15～18 ℃。11月青花椒花芽开始生理分化，总花序轴持续增大，出现二级、三级花序轴；花蕾继续分化，花蕾原基不断增多；萼片分化特征明显。

第二，适时抹芽、摘心，关注落叶。经过压枝，很多枝条已经改变生长方向，有效促进了结果枝条的木质化。为了促进结果枝生长，调节树体营养平衡，11月应及时将青花椒树体的新生嫩芽或嫩梢从基部抹除。11月后期，结果枝新梢已进入休眠期，应摘除顶端一小段梢，控制枝梢延长生长，促使枝条生长充实、提高来年坐果率。摘心时，应在枝条木质化处短截，保留的枝条长度一般不超过1.6 m。

第三，松土清园，病虫害防治。11月应注意松土清园，最好铲除地表青苔，增强土壤透气性；同时采取培土或压土的方式，增加树盘的土壤厚度。本月病虫害防治要点如下。

①花椒蚜虫。本月在蚜虫危害初期可选用70％吡虫啉3 000倍液喷施防治，迅速控制蚜虫蔓延。

②花椒斑点落叶病。一般枝条底部的老叶先发生，在发

病初期，被害叶片表面出现点状失绿斑，以后病斑逐渐变成灰色至灰褐色小圆斑。发病严重时，造成叶片脱落，导致营养积累不足，花芽分化差、导致减产。发病前期可使用"正生" 1 000～1 500 倍液或抗生素类药剂防治。

**12. 12 月**

12 月时青花椒已经进入越冬休眠期，树体休眠、根系仍在更新。本月青花椒田间管理技术要点有 2 条。

第一，关注降温，补施越冬肥。受较强冷空气影响，重庆市 12 月有降温降雨天气，大部地区日最低气温 2～6 ℃，山区 −4～1 ℃。12 月耕作层土壤温度大多在 10～15 ℃。全市旱地土壤墒情大部适宜，部分不足，局部过多或干旱。注意补施越冬肥，注重有机与无机相配合的原则，正常结果树一般每株施用有机肥 2～5 kg。12 月份在树冠滴水线附近开沟施肥，可采用单边沟、双边沟或放射状沟，有机肥应集中施用，配方肥深施覆土。通过施肥改良土壤，促进根系更新生长和花芽充分发育。海拔较高的区域，可以熏烟防霜，阻止地面热量散失（每亩地 1～3 堆，注意远离青花椒树体，于寒潮来临的傍晚点燃，可提高近地面空气温度 1～2 ℃），避免青花椒幼树或结果树的花芽受到冻害。

第二，适时摘心，加强冬季管理。12 月摘心时，应在结果枝顶端 2～3 芽即木质化处短截，保持枝条长度在 1.2～1.5 m，力争实现"枝少枝粗枝条短，果大果多穗子长"这一节本增效的目标。12 月应注意清园，为防冻可在主干处采取培土的方式，增加树盘土壤厚度。为减轻越冬病虫害，预防和减轻翌年的病虫为害，应清除椒园的杂草、枝叶、枯枝、病虫枝等，有条件的椒园可对树干用石灰水或石硫合剂进行刷白。

# 第二节　青花椒综合营养管理典型案例

## 一、丰都县典型案例

### 1. 发展概况

青花椒产业曾是丰都县的扶贫支柱产业，现今又是该县乡村振兴特色产业之一。近几年，丰都县在重庆市测土配方施肥花椒协作组的带领下，依靠科技，加快实施花椒产业标准化生产，加快培育山地特色生态花椒，花椒产业实现了由小到大、由弱到强、由群众自发种植到标准化、规模化、产业化发展，花椒质量、产量逐年提高。丰都县花椒品种主要为九叶青，占花椒种植面积的 90% 以上，到 2021 年，全县花椒投产面积达 34 000 亩左右，累计种植面积达 7 万亩左右，干椒产量 4 000 t 左右，实现收入 1 亿元以上，花椒树俨然已成为丰都县椒农们种在地里的"摇钱树"，花椒产业成为山区群众脱贫致富的"黄金"产业。近年来，随着花椒价格上涨，椒农为了追求高产，盲目加大化肥投入，导致椒园土壤板结、酸化，严重影响花椒产业的持续发展。为此，丰都县结合测土配方施肥技术的普及与推广，积极开展花椒化肥减量增效试验示范，以此有效促进了花椒产业的持续健康发展，同时保护了三峡库区生态环境。

董家镇属于丰都县九叶青花椒种植大镇，在该镇布置试验示范能产生很好的带动效果。本次青花椒有机肥替代部分化肥的化肥减量增效试验落实在董家镇四角楼村盛椒园专业合作社。合作社地处 30.253 098°N，107.656 549°E，海拔493 m。业主：徐小兵。供试土壤系侏罗系蓬莱镇组砂岩、泥岩残积物风化发育而成的紫色土，亚类：中性紫色土，土属：棕紫泥，土种：棕紫沙泥土（俗名：半沙泥土），土壤肥力中等，种植作物：九叶青花椒，种植密度为 100 株/亩。

湛普镇共种植花椒 10 200 余亩，品种主要为九叶青，种植面积占耕地面积的 82%，覆盖农户 1 620 户，覆盖率达 77.7%。全镇共有花椒产业党支部 1 个、花椒产业扶贫车间 1 个、花椒专业合作社 11 个、花椒烤房 130 个、冻库 5 座。本次花椒"配方肥＋营养调节"试验落实在湛普镇白水社区 2 组徐光惠承包地，地处湛普镇花椒产业园内，丘陵地貌，地处 29.844 75°N，107.655 97°E，海拔 267 m；业主：徐光惠，供试土壤类型系侏罗系沙溪庙组中性母质坡积物发育而成的紫色土，亚类：中性紫色土，土属：灰棕紫泥土，土种：半沙半泥土，土壤肥力中等，种植作物：九叶青花椒，种植密度为 100 株/亩。

**2. 主推技术模式**

为解决区域内花椒种植难题，丰都县在重庆市农技推广总站、西南大学相关领导和专家的指导及农企合作企业的大力支持下，围绕重庆市花椒测土配方施肥协作组工作要求，通过四方协议，制定了重庆市花椒化肥减量增效技术联合攻关框架协议，该试验由重庆市农技推广总站及丰都县农业生态环保检验监测站作为技术规划甲方，西南大学李振轮教授作为专家乙方，重庆市万植巨丰生态肥业有限公司和中化重庆涪陵化工有限公司作为农企合作企业丙方，业主徐小兵和徐光惠为丁方，联合实施丰都县九叶青花椒化肥减量增效试验。

（1）"有机肥替代部分化肥"技术模式。试验设置 4 个处理，无重复，以 10 株为一个处理。氮、磷、钾施用量（纯量）全年为 0.55 kg/株，有机肥替代以替代基肥为主，分别按照替代 10％、20％、30％设置处理，基肥部分被有机肥替代后化肥量不足 10％时从月母肥中取出补足至 10％～15％。常规施肥区对照为群众通用的 15－15－15 复合肥。

（2）"配方肥＋营养调节"技术模式。试验设置 2 个处理，无重复，以 50 株为一个处理，全营养配方肥化肥氮、磷、钾总养分纯量为 43 kg/亩，业主常规施用化肥氮、磷、钾纯量总计 56.25 kg/亩。处理 1 的全营养配方肥分 4 次施肥：2019 年 7 月 8 日，第一次月母肥（窝施）用 16－7－12 硫酸钾型（添加中、微量元素硼、锌）复合肥 0.6 kg/株；2019 年 11 月 23 日，第二次基肥（条施）用 17－17－17 硫酸钾型复合肥 0.12 kg/株；2020 年 2 月 29 日，第三次萌芽肥（窝施）用 16－7－12 硫酸钾型（添加中、微量元素硼、锌）复合肥 0.125 kg/株；2020 年 4 月 10 日，第四次壮果肥（窝施）用 16－7－23 硫酸钾型（添加腐殖酸，中、微量元素硼、锌）复合肥 0.25 kg/株。处理 2 的常规施肥则在对应时间，按照农民习惯使用 15－15－15 硫酸钾型复合肥。

试验管理要点：一是施肥。冬季基肥采用在树体滴水线下开条沟深施化肥后覆土的方式。月母肥、萌芽肥与壮果肥采用树体滴水线下挖穴 4 个深施化肥后覆土的方式。二是修剪及压枝。采用采收结合修剪的方法，每棵树留枝 40～60 枝，10 月压枝，在 12 月枝条长到 1.2 m 左右摘尖，中途注意剪除附生枝梢。三是病虫害防治。全年主要防治花椒锈病、花椒斑点落叶病、花椒根腐病红蜘蛛、黄蜘蛛、蚜虫、食心虫、天牛、吉丁虫、介壳虫等。

**3. 典型案例表**

丰都县 2019—2020 年花椒四方协作典型案例表见表 6-1、表 6-2。

**表6-1 丰都县2019—2020年花椒四方协作典型案例表（八）**

<table>
<tr><td rowspan="5">基本情况</td><td>业主姓名</td><td>徐小兵</td><td>地址</td><td>董家镇</td><td>联系电话</td><td>186×××3988</td></tr>
<tr><td>指导老师</td><td>李振轮</td><td>区（县）技术负责人</td><td>彭先容</td><td>协作企业</td><td>重庆市万植巨丰生态肥业有限公司</td></tr>
<tr><td>经营模式</td><td>土地流转</td><td>海拔/m</td><td>493</td><td>地形条件</td><td>丘陵中、上部</td></tr>
<tr><td>土壤类型</td><td>紫色土</td><td>经营规模/亩</td><td>400</td><td>代表面积/亩</td><td>2 000</td></tr>
<tr><td>主要模式</td><td>有机肥替代部分化肥</td><td>主要目标</td><td colspan="3">在保证花椒产的前提下，实现化肥减量增效，得到九叶青花椒在丰都县的有机肥替代比例及优化化肥施用量</td></tr>
<tr><td>主要农事操作</td><td colspan="6">2019年5月31日施用月母肥，2019年11月10日施用基肥，2020年2月27日施用萌芽肥，2020年4月28日施用壮果肥，2020年6月4日收获测产</td></tr>
<tr><td rowspan="3">效益分析</td><td>租地成本/（元/亩）</td><td>200</td><td>人工成本/（元/亩）</td><td>1 300</td><td>机械成本/（元/亩）</td><td>0</td></tr>
<tr><td>灌溉成本/（元/亩）</td><td>0</td><td>施肥与用药成本/（元/亩）</td><td>1 064</td><td>鲜椒产量/（kg/亩）</td><td>655</td></tr>
<tr><td>农产品价格/（元/kg）</td><td>8</td><td>产值/（元/亩）</td><td>5 240元/亩</td><td>效益/（元/亩）</td><td>2 676</td></tr>
<tr><td>备注</td><td colspan="6"></td></tr>
</table>

（续）

照片 2

照片 4

照片 1

照片 3

表 6-2 丰都县 2019—2020 年花椒四方协作典型案例表（B）

| 基本情况 | 业主姓名 | 徐光惠 | 地址 | 区（县） | 丰都县 | 联系电话 | | 协作企业 | 中化重庆涪陵化工有限公司 |
| --- | --- | --- | --- | --- | --- | --- | --- | --- | --- |
| | 指导老师 | 李振轮 | | 湛普镇 | 彭先容 | 技术负责人 | | 地形条件 | 丘陵中部 |
| | 经营模式 | 农户自营 | 海拔/m | 267 | | | | | 150×××6110 |
| | 土壤类型 | 紫色土 | 经营规模/亩 | 1.5 | | 代表面积/亩 | | | 2 000 |
| | 主要模式 | 配方肥+营养素调节 | 主要目标 | 在保证花椒不减产的前提下，验证花椒配方肥配方及验证添加中、微量元素硼、锌及腐殖酸后的效果 | | | | | |

主要农事操作：2019 年 7 月 8 日施用母肥，2019 年 11 月 23 日施用基肥，2020 年 2 月 29 日施用萌芽肥，2020 年 4 月 10 日施用壮果肥，2020 年 7 月 10 日收表测产

| 效益分析 | 租地成本/（元/亩） | 300 | 人工成本/（元/亩） | 1 200 | 机械成本/（元/亩） | 0 |
| --- | --- | --- | --- | --- | --- | --- |
| | 灌溉成本/（元/亩） | 0 | 施肥与用药成本/（元/亩） | 980 | 鲜椒产量/（kg/亩） | 523 |
| | 农产品价格/（元/kg） | 8 | 产值/（元/亩） | 4 184 | 效益/（元/亩） | 1 704 |

备注：该椒树为 2002 年种植的成年花椒大树，处于旺产时期

（续）

照片1　　　照片2

照片3　　　照片4

**4. 综合评价**

（1）化肥减量和经济效益分析。从"有机肥替代部分化肥"技术模式与"配方肥＋营养调节"技术模式这两方面展开分析。

①"有机肥替代部分化肥"技术模式。在董家镇亩植 100 株左右的青花椒园，用有机肥替代 30％配方肥处理的鲜椒产量达到该试验最高的 655 kg/亩，为最优有机肥替代配方肥替代量，证明在九叶青花椒生产中，化肥施用氮、磷、钾总养分纯量为 38.5 kg/亩，有机肥施用 330 kg/亩完全能满足青花椒当年高产营养需求。从经济效益上来看，配方施肥区鲜椒产量 490 kg/亩，单价 8 元/kg，亩产值 3 920 元，除去肥料、农药及人工场地成本 2 200 元/亩，产生效益1 720 元/亩。有机肥替代区每亩多施入了 0.33 t 有机肥，单价 800 元/t，增加肥料成本 264 元/亩，增加有机肥施肥人工成本 100 元/亩，总成本为 2 564 元/亩，该区鲜椒产量为 655 kg/亩，单价 8 元/kg，亩产值5 240元，产生效益 2 676 元/亩。所以按照配方施肥技术，实施有机肥替代 30％化肥后，化肥施用量减少了 30％，每亩总收益增加了 956 元。证明在丰都县九叶青花椒上实施化肥减量的同时能够增加花椒经济效益。

②"配方肥＋营养调节"技术模式。全营养配方肥化肥施用量比常规施肥施用量减少 24％，花椒增产 37.9％，证明化肥减量增效切实可行。从经济效益来看，按照测土配方施肥技术施肥，租地成本 300 元/亩，化肥与农药总成本 980 元/亩，人工成本 1 200 元/亩，总成本 2 480 元/亩。"配方肥＋营养调节"处理区鲜椒产量 1 112 kg/亩，单价 8 元/kg，亩产值 8 892 元，产生效益 6 412 元/亩。常规施肥区鲜椒产量 806 kg/亩，租地成本 300 元/亩，化肥与农药总成本 1 080 元/亩，人工成本 1 200 元/亩，总成本 2 580 元/亩，亩产值

6 448元，产生效益3 868元/亩。"配方肥＋营养调节"处理区比常规施肥处理区增效5 024元/亩。该试验示范的施肥模式可带动本区域相同土壤类型九叶青花椒种植面积2 000亩以上，为推进花椒化肥减量增效提供了科学的施肥方案。

（2）社会和生态效益分析。通过实施"有机肥替代部分化肥"和"配方肥＋营养调节"技术模式，减少了化肥施用，实现了化肥减量增效，保障了花椒产业绿色健康可持续发展，可在丰都全县花椒种植基地推广实施。

# 二、江津区典型案例

## 1. 发展概况

2021年，江津全区花椒种植面积57万亩，投产面积42万亩，产鲜椒30万t，总产值37.39亿元，增长15%。2021年5月9日，中国品牌建设促进会评价"江津花椒"品牌强度为841，品牌价值为62.69亿元。

重庆宇隆椒丰农业开发有限公司是一家按照欧盟标准专业从事集高品质青花椒标准化、规模化、科技化种植、技术服务、新品研发以及深加工销售于一体的农业科技公司和高新技术企业。该公司于2016年入驻江津区现代农业园区，已建成500亩的科技示范园辐射全国，是农业农村部花椒智慧农业示范基地。长期以来，花椒园存在土壤板结、有机质含量低等问题。

吴滩镇花椒种植面积32 460亩，年产鲜椒2.481万t，产值达2.72亿元。重庆吴滩农业服务有限公司是重庆市一家集种植、加工、销售为一体的优秀农业产业化龙头企业，建立了"公司＋基地＋农户"的运作模式，在全国"一村一品"示范村镇（花椒）建立绿色花椒基地 3 000 亩。由于常年施用化肥等原因，花椒园存在土壤酸化、有机质含量低等问题，不利于花椒产业的长久发展。

**2. 主推技术模式**

（1）"配方肥＋有机肥"技术模式。在施用配方肥的基础上施用生物有机肥，每亩施用配方肥 90 kg、生物有机肥（符合农业农村部生物有机肥行业标准 NY 884—2012，且 pH7～8.5）500 kg。具体施肥方法：2 月上旬，每亩施用催芽肥（配方肥）（15－10－15）20 kg；4 月上旬，每亩施用壮果肥（配方肥）（15－5－20）20 kg；7—8 月，每亩施用促梢肥（配方肥）（19－15－6）30 kg；10 月中、下旬，每亩施用生物有机肥 500 kg 和秋基（配方肥）（20－10－5）20 kg。配方肥和有机肥均进行开沟深施，全年视花椒长势情况适当进行叶面施肥。同时加施土壤保护调控素、消除重金属污染调控素、土壤平衡调控素等改善土壤结构、增加土壤益生菌群、增加土壤孔隙度的营养素，提高花椒对土壤矿物质营养的吸收利用率。

（2）"配方肥＋有机肥＋肥料深施＋冬季绿肥"技术模式。按亩产 650 kg 的产量目标，每亩施用配方肥 80 kg＋有机肥 500 kg。施肥时期分别是：8 月下旬每亩施促梢肥（22－8－10）20 kg；10 月中、下旬开沟施用有机肥 500 kg，同时花椒园每亩撒播冬季绿肥作物（苕子）种子 2～4 kg/亩；当年 1 月中、下旬施促芽肥（15－10－15）35 kg；当年 4 月上旬施壮果肥（15－5－20）25 kg。配方肥和有机肥均进行开沟深施，全年视花椒长势情况适当进行叶面施肥。

**3. 花椒四方协作典型案例表**

江津区 2021 年花椒四方协作典型案例表见表 6－3、表 6－4。

表6-3　江津区2021年花椒四方协作典型案例表（A）

| | | | | | |
|---|---|---|---|---|---|
| 基本情况 | 业主姓名 | 重庆宇隆椒丰农业开发有限公司 | 地址 | 重庆市江津区慈云镇勺家社区 | 联系电话 | 183××××3505 |
| | 指导老师 | 石孝均 | 区（县）技术负责人 | 王洋 | 协作企业 | 丰镇市史坦纳生物动力农业有限公司 |
| | 经营模式 | 土地流转 | 海拔/m | 310 | 地形条件 | 丘陵缓坡地 |
| | 土壤类型 | 紫色土 | 经营规模/亩 | 500 | 代表面积/亩 | 52 746 |
| | 主要模式 | 配方肥＋有机肥 | 主要目标 | 每亩减少化肥施用纯量10kg，减少20%以上的化肥施用量，有机质含量提升5%以上，土壤质量明显提高 | | |
| 主要农事操作 | 2月5日，开沟施用催芽肥；4月9日，开沟施用有机肥和秋基肥；7月28日，开沟施用壮果肥；10月24日，开沟施用促梢肥；10月24 | | | | | |
| 效益分析 | 租地成本/（元/亩） | 500 | 人工成本/（元/亩） | 2 200 | 机械成本/（元/亩） | 10 |
| | 灌溉成本/（元/亩） | 40 | 施肥与用药成本/（元/亩） | 2 500 | 鲜椒产量/（kg/亩） | 830 |
| | 农产品价格/（元/kg） | 11 | 产值/（元/亩） | 9 130 | 效益/（元/亩） | 3 880 |
| 备注 | | | | | | |

163

（续）

照片 2

照片 1

表6-4　江津区2021年花椒四方协作典型案例表（B）

| 基本情况 | 业主姓名 | 重庆吴滩农业服务有限公司 | 联系电话 | 139×××××2188 |
|---|---|---|---|---|
| | 指导老师 | 石孝均 | 地址 | 重庆市江津区吴滩镇郎家村 |
| | | | 协作企业 | 四川顺民肥料有限公司 |
| | 经营模式 | 土地流转 | 区（县）技术负责人 | 彭清 |
| | | | 地形条件 | 丘陵坡地 |
| | 土壤类型 | 紫色土 | 海拔/m | 302.5 |
| | | | 代表面积/亩 | 14 144 |
| | 主要模式 | 配方肥+有机肥+肥料深施+冬季绿肥 | 经营规模/亩 | 268.5 |
| | 主要目标 | | 每亩减少化肥施用纯量15kg，减少30%以上的化肥施用量，有机质含量提升5%以上，土壤质量明显提高 | |
| 主要农事操作 | | 1月中、下旬，开沟施用有机肥；4月8日，开沟施用促芽肥；8月24日，开沟施用壮果肥；8月27日开沟施用促梢肥；10月整地撒播紫花红苕种子 | | |
| 效益分析 | 租地成本/（元/亩） | 500 | 人工成本/（元/亩） | 3 750 | 机械成本/（元/亩） | 8 |
| | 灌溉成本/（元/亩） | 30 | 施肥与用药成本/（元/亩） | 1 500 | 鲜椒产量/（kg/亩） | 750 |
| | 农产品价格/（元/kg） | 11 | 产值/（元/亩） | 8 250 | 效益/（元/亩） | 2 462 |
| 备注 | | | | |

（续）

照片 2

照片 1

**4. 综合评价**

（1）化肥减量和经济效益分析。从"配方肥＋有机肥"技术模式与"配方肥＋有机肥＋肥料深施＋冬季绿肥"技术模式这两方面展开分析。

① "配方肥＋有机肥"技术模式。通过施用配方肥和生物有机肥，每亩可减少化肥施用纯量 10 kg，减少 20％以上的化肥施用量。该公司 500 亩花椒园每年可减少化肥施用纯量 5 t。虽然以上技术措施需要投入更多的成本，特别是生物有机肥，单价超过 4 000 元/t，所有的投入成本达到 5 250元/亩，但通过这些技术措施，提高了花椒产量，加上该公司管理完善，产量可达到 830 kg/亩，按 2021 年花椒市场价11 元/kg 计算，产值可达 9 130 元/亩，总体经济效益为3 880元/亩，公司总体收益达 194 万元。

② "配方肥＋有机肥＋肥料深施＋冬季绿肥"技术模式。每亩可减少化肥施用纯量 15 kg，减少 30％以上的化肥施用量。该公司 268.5 亩花椒园每年可减少化肥施用纯量4 t 以上。虽然所有的投入成本达到 5 788 元/亩，但通过这些技术措施，提高了花椒产量，达到 750 kg/亩，按 2021 年花椒市场价 11 元/kg 计算，产值可达 8 250 元/亩，总体经济效益为 2 462 元/亩，公司总体收益在 66 万元以上。

（2）社会和生态效益分析。通过配方施肥、有机肥和绿肥替代部分化肥以及开沟深施等措施，土壤质量明显提高，有机质含量提升 5％以上，利于花椒产业可持续发展，此项措施可在有条件的花椒园推广应用。

## 三、綦江区典型案例

### 1. 发展概况

石角镇是綦江区花椒种植面积最大的镇，高峰时期种植面积达 1 万亩左右。近些年由于受市场价格波动的影响和管护不到位的影响，多数业主放弃种植，现在保持和管护较好的花椒园有 5 500 多亩，分布在丰岩、干坝、回伍、熔岩、齐雨、塘岗、天平等村，年产量在 6 500 t 左右，产值 5 000万元。其中有代表性的为重庆市綦江区贵农农业发展有限公司，该公司由干坝村集体组织于 2018 年成立，主要发展模式为"村集体＋公司＋农户"，村民以每亩土地 2 000 元折合为一股入股，累积 1 850 股，种植面积 1 850 亩，其中花椒 1 200 亩、柑橘 450 亩、桃子与李子 200 亩。2018 年年底开始整治土地，2019 年初栽植花椒 430 亩，2020 年和 2021年陆续种植花椒 800 亩左右；2020 年由区农业农村委员会补贴资金建设花椒水肥一体化设施，2021 年花椒开始试投产，品种以九叶青花椒为主。

永新镇花椒种植面积 5 000 亩左右，主要分布在双凤、紫荆、新建、荆山和木瓜等村，年产量在 6 000 t 左右，产值 4 800 万元。其中有代表性的为重庆市綦江区浩越农业发展有限公司，该公司于 2018 年初开始流转土地，整地后开始栽植花椒 1 000 亩左右，2019 年实施花椒水肥一体化，一年生花椒苗移栽后 15 个月就投产，效益显著。2019 年 4 月 7 日，重庆电视台农村频道对永新镇双凤村花椒水肥一体化作了专题宣传。花椒种植地点在永新镇双凤村水门坎社思枥林，处在 106.476 7°E，29.019 9°N，海拔在 350～550 m，面积 1 000 亩,品种以九叶青花椒为主。

**2. 主推技术模式**

为解决区域内花椒种植难题,綦江区农业服务中心与重庆市綦江区贵农农业发展有限公司、重庆市綦江区浩越农业发展有限公司、重庆市万植巨丰生态肥业有限公司、重庆市农业科学院签订了綦江区花椒化肥减量增效技术联合攻关框架协议,联合实施綦江区石角镇和永新镇花椒"水肥一体化"技术模式。技术方案如下:一是以发展九叶青花椒品种为主,幼苗覆膜栽植,增施有机肥,苗期化肥以氮肥为主,少量多次;二是筑高厢、掏深沟,增加土层深度、便于排水;三是抓好花椒技术培训,特别是花椒修枝整形、病虫害防治和施肥技术;四是结合实施化肥减量增效行动,选择水溶肥,提高肥料利用率,利用花椒水肥一体化设施施肥和施药,确保施肥、施药、除草、修枝整形等技术环节严格按照技术规程,确保花椒产量和质量。

**3. 花椒四方协作典型案例表**

綦江区 2019—2020 年花椒四方协作典型案例表见表 6-5,2020—2021 年典型案例表见表 6-6。

**4. 综合评价**

(1) 化肥减量和经济效益分析。实施花椒半自动化水肥药一体化,人工通过施肥枪将化肥溶解直接施入耕作层,使其直接被根系吸收,从而让树体长势长相好,该设施喷药无死角,病虫害防治效率高,系统操作简便、安全可靠、低碳环保、省钱省力,节药、节肥、节水,深受业主的喜爱。常规施肥每株每次用肥 0.2 kg,用施肥枪深施,每株、每次用肥 0.15 kg,按 1 年 3 次计算,每亩可节约化肥 15 kg。石角镇业主用肥为 3 200 元/t,可节约成本 57 600 余元;永新

表6-5 綦江区2019—2020年花椒四方协作典型案例表

| 基本情况 | 业主姓名 | 彭中全 | 地址 | 綦江区永新镇双凤村 | 联系电话 | 139×××4019 |
|---|---|---|---|---|---|---|
| | 指导老师 | 陈新平 | 区（县）技术负责人 | 何思君 | 协作企业 | 重庆市万植巨丰生态肥业有限公司 |
| | 经营模式 | 土地流转 | 海拔/m | 350~550 | 地形条件 | 丘陵—陡坡 |
| | 土壤类型 | 紫色土 | 经营规模/亩 | 1 000 | 代表面积/亩 | 2 000 |
| | 主要模式 | 水肥一体化 | 主要目标 | 亩产1 000kg，产值6 000元/亩以上 | | |
| 主要农事操作 | 整地、栽苗、覆膜、增施有机肥和配方肥、施药、除草、修枝整形等 | | | | | |
| 效益分析 | 租地成本/（元/亩） | 200~350 | 人工成本/（元/亩） | 850 | 机械成本/（元/亩） | 350 |
| | 灌溉成本/（元/亩） | 20 | 施肥与用药成本/（元/亩） | 650 | 鲜椒产量/（kg/亩） | 1 000~1 200 |
| | 农产品价格/（元/kg） | 6~9 | 产值/（元/亩） | 6 000~7 200 | 效益/（元/亩） | 3 800~5 000 |
| 备注 | | | | | | |

（续）

| 照片 1 | 照片 2 |

表6-6 綦江区2020—2021年花椒四方协作典型案例表

| 基本情况 | 业主姓名 | 黎端平 | 地址 | 区（县）技术负责人 | 綦江区石角镇千坝村 | 联系电话 | 182×××9088 |
|---|---|---|---|---|---|---|---|
| | 指导老师 | 郭涛 | | | 何思君 | 协作企业 | 重庆市万植巨丰生态肥业有限公司 |
| | 经营模式 | 土地入股 | 海拔/m | | 200~300 | 地形条件 | 山地一陡坡 |
| | 土壤类型 | 紫色土 | 经营规模/亩 | | 1 200 | 代表面积/亩 | 3 000 |
| | 主要目标 | 水肥一体化 | 主要目标 | | 亩产500kg，产值4 000元/亩以上 | | |
| 主要农事操作 | 整地、栽苗、增施有机肥和配方肥、施药、除草、修枝整形等 | | | | | | |
| 效益分析 | 租地成本/（元/亩） | 土地入股 | 人工成本/（元/亩） | | 200 | 机械成本/（元/亩） | 300 |
| | 灌溉成本/（元/亩） | 0 | 施肥与用药成本/（元/亩） | | 350 | 鲜椒产量/（kg/亩） | 100~150（第2年） |
| | 农产品价格/（元/kg） | 8~9 | 产值/（元/亩） | | 900~1 350 | 效益/（元/亩） | 50~500 |
| | 备注 | | | | | | |

（续）

| 照片1 | 照片2 |
|---|---|
|  |  |

镇业主用肥为（19-7-19）水溶性复合肥，5 800元/t，可节约成本 87 000 余元。同时通过"水肥一体化"，能极大提高施肥与施药效率，进一步节约生产成本。

（2）社会和生态效益分析。通过实施"水肥一体化"技术模式，在减少化肥农药施用的同时，还能提高花椒品质，保障了花椒产业绿色健康可持续发展，促进了节本增效、农业增产、农民增收和环境改善。该模式可操作性强，在农村劳动力缺乏和老龄化的今天尤其适合推广复制，在有项目资金支持的情况下，綦江花椒基地可复制推广 1 万亩以上。

## 四、铜梁区典型案例

### 1. 发展概况

目前，铜梁区高楼镇花椒种植面积有 4 000 余亩，30 亩以上的种植大户或合作社有 22 个，其中石渣子花椒种植专业合作社种植面积达 350 亩。围龙镇花椒种植面积 1 000 余亩，30 亩以上的种植大户或合作社有 3 个，其中恒丰花椒专业合作社种植面积达 200 亩。两个专业合作社基地存在的问题：一是有机质含量低、肥料选择不合理（基本施用的是 15-15-15 的复合肥），前期造成钾浪费，后期造成磷浪费；二是施肥方式简单（撒施为主，肥料有效流失严重）；三是产量水平低。

### 2. 主推技术模式

为解决区域内花椒种植难题，铜梁区农技中心和重庆市农技推广总站与西南大学教授王正银老师、重庆市万植公司和中化涪陵化工公司、铜梁区恒丰花椒专业合作社、重庆市铜梁区石渣子花椒种植专业合作社签订了四方协议，开展花椒化肥减量增效技术攻关。

（1）"配方肥＋绿肥"技术模式。示范面积 1 000 亩，具体方案如下：设置常规施肥区和"配方肥＋绿肥"施肥区，其中常规施肥按每亩施用 100 kg 40%（20 - 8 - 12）复合肥，"配方肥＋绿肥"施肥区每亩绿肥还田 300 kg（鲜重）＋每亩施用 90 kg 40%（20 - 8 - 12）复合肥（折合 1 kg/株），替代 10% 的化肥用量。肥分 4 次施用，其中月母肥（约在 6 月上旬，花椒采摘前后进行）50%、基肥（约在 10 月越冬前）10%、萌芽肥（约在翌年 2 月萌芽前）20%、壮果肥（约在翌年 4 月上中旬）20%，绿肥在青花椒初花期压青还土。

（2）"配方肥＋有机肥"技术模式。示范面积 1 310 亩，其中常规施肥 10 亩，"配方肥＋有机肥" 1 300 亩。常规施肥按照农民习惯的 15 - 15 - 15 复混肥，分月母肥、基肥、萌芽肥、壮果肥 4 次，用量依次为 0.2 kg/株、0.1 kg/株、0.15 kg/株、0.2 kg/株。"配方肥＋有机肥"同样分为分月母肥、基肥、萌芽肥、壮果肥 4 次，第一次为 45%（15 - 15 - 15）复混肥 0.3 kg/株，商品有机肥或农家腐熟鸭粪（干基）0.3 kg/株；第二次为尿素 0.03 kg/株，商品有机肥或农家腐熟鸭粪（干基）1.0 kg/株；第三次为尿素 0.08 kg＋硫酸钾 0.02 kg/株；第四次为 40%（16 - 6 - 18 或 15 - 10 - 15）复混肥 0.15～0.2 kg/株。

**3. 花椒四方协作典型案例表**

铜梁区 2019—2020 年花椒四方协作典型案例表见表6 - 7。

表6-7 铜梁区2019—2020年花椒四方协作典型案例表

| 基本情况 | 业主姓名 | 张开华 | 地址 | 高楼镇盘石村10社 | 联系电话 | 173×××6259 |
|---|---|---|---|---|---|---|
| | 指导老师 | 王正银 | 区(县)技术负责人 | 戴安勇 | 协作企业 | 铜梁区石渣子花椒种植专业合作社 |
| | 经营模式 | 土地流转 | 海拔/m | 235 | 地形条件 | 浅丘 |
| | 土壤类型 | 紫色土 | 经营规模/亩 | 350 | 代表面积/亩 | 350 |
| | 主要目标 | 配方肥+有机肥 | 主要目标 | 减少化肥用量，增加土壤有机质，进行土壤改良； | | |

| 主要农事操作 |
|---|
| 2019年6月5日施月母肥：复合肥(15-15-15) 0.3kg/株；有机肥 0.3kg/株； |
| 2019年10月15日施基肥：尿素 0.03kg/株，有机肥 0.3kg/株； |
| 2020年2月18日施萌芽肥：尿素 0.08kg/株，硫酸钾 0.02kg/株； |
| 2020年4月12日壮果肥：复合肥(16-6-18) 或 (15-10-15) 0.15～0.2kg/株 |

| 效益分析 | 租地成本/(元/亩) | 200 | 人工成本/(元/亩) | 2 600 | 机械成本/(元/亩) | 200 |
|---|---|---|---|---|---|---|
| | 灌溉成本/(元/亩) | 0 | 施肥与用药成本/(元/亩) | 1 000 | 鲜椒产量/(kg/亩) | 517.3 |
| | 农产品价格/(元/kg) | 12 | 产值/(元/亩) | 6 207.6 | 效益/(元/亩) | 2 207.6 |

| 备注 | |
|---|---|

（续）

照片1　　照片2

### 4. 综合评价

（1）化肥减量和经济效益分析。两个花椒专业合作社取得较好成效，实现化肥用量减少，亩平均减少化肥（折纯）4.5 kg，比一般农户亩用量 40 kg 节肥 11.25%，节约成本 30 元/亩。示范区域平均亩增产 56 kg 左右，增产 10% 以上，亩均增收节支在 600 元左右。

（2）社会和生态效益分析。通过绿肥还土，示范区土壤有机质增加 0.2 g/kg，土壤改良效果较为明显。

# 五、潼南区典型案例

### 1. 发展概况

到 2021 年，潼南区发展花椒种植共 8.4 万余亩，遍布全区各镇（街），主要分布在龙形、别口、五桂、双江、群力、田家等镇。从事花椒产业的经营主体 200 余家，其中农业公司 72 家，集体经济联合社 47 家；基地规模 500～1 000 亩的花椒种植企业 20 家，1 000 亩以上的种植企业有 15 家。花椒投产面积 7.7 万亩，鲜椒产量达到 1.5 万 t，产值 1.5 亿元左右。现有注册企业商标"百粒香""超得麻""椒延堂""椒峰汇""潼巨恒""天裕乐""椒贝尔""洪瑞"等，其中得到国家市场监督管理总局绿色食品认证 5 家。花椒成为潼南区蔬菜、柠檬、油菜、渔业等"五朵金花"产业之一，产业发展态势良好。

重庆市潼南区巨恒农业有限公司于 2016 年发展九叶青花椒种植面积 3 500 亩，该基地位于潼南区群力镇牵牛村，其土壤类型为紫色土，种植规模和基地土壤类型在潼南区内极具代表性。由于种植业主缺乏花椒生产管理技术和经验，该基地存在施肥盲目、土壤板结、产量不高等问题。

重庆天裕乐农业发展有限公司于 2016 年发展早熟九叶青花椒种植面积 600 亩，该基地位于潼南区龙形镇高楼村，其土壤类型为紫色土，种植品种和管理水平在潼南区内极具代表性。该基地主要存在施肥配方不够合理、土壤板结、产量不高等问题。

**2. 主推技术模式**

为解决区域内花椒种植业主施肥技术问题，区农业农村委员会土肥技术部门与西南大学、重庆市宝禾肥业有限公司、潼南区花椒产业协会签订了花椒化肥减量增效技术联合攻关四方协作协议，协作开展化肥减量技术攻关。

（1）"配方施肥＋畜禽粪水综合利用＋花椒枝条粉碎腐熟还田"技术模式。针对重庆市潼南区巨恒农业有限公司的实际问题，四方协作提出了"配方施肥、畜禽粪水综合利用、花椒枝条粉碎腐熟还田"技术模式，制订了具体的施肥方案。

① 2 月促花肥。施用 23－8－11 或 20－10－10 配方肥 0.2 kg/株，折合亩用量 20 kg（按 100 株计算）。

② 4 月壮果肥。施用 15－6－20 配方肥 0.25 kg/株，折合亩用量 25 kg（按 100 株计算）。

③ 5—6 月促梢肥。花椒采收前后施用 24－6－10 或 23－8－11 配方肥 0.3 kg/株，折合亩用量 30 kg（按 100 株计算）。

④ 10—11 月越冬肥。施用 18－6－16 或 18－7－15 配方肥 0.15 kg/株，折合亩用量 15 kg（按 100 株计算），加施腐熟畜禽粪水 4 000 kg/亩，花椒枝条粉碎腐熟发酵后撒于花椒行间，每亩施用 1 000 kg。

（2）"配方施肥＋商品有机肥"技术模式。针对重庆天裕乐农业发展有限公司的实际问题，四方协作提出了"配方

**表6-8 潼南区2020年花椒四方协作典型案例表**

| 业主姓名 | 刘阳 | 地址 | 区（县）潼南区 | 联系电话 | 135×××6131 |
|---|---|---|---|---|---|
| 指导老师 | 王正银 | 技术负责人 | 力镇牟牛村 冯兴 | 协作企业 | 重庆市宝禾肥业有限公司 |
| 经营模式 | 土地流转 | 海拔/m | 310 | 地形条件 | 浅丘 |
| 土壤类型 | 紫色土 | 经营规模/亩 | 3 500 | 代表面积/亩 | 30 000 |
| 主要模式 | 配方施肥＋畜禽粪水综合利用＋花椒枝条粉碎腐熟还田 | 主要目标 | 化肥施用量减少15%，产量增加10%以上，耕地质量和农产品品质得到进一步提升 | | |

基本情况

主要农事操作：

2月施用促花肥：施用23-8-11或20-10-10配方肥0.2kg/株，折合亩用量20kg（按100株计算）；

4月施用壮果肥：施用15-6-20配方肥0.25kg/株，折合亩用量25kg（按100株计算）；

5—6月施用促梢肥：花椒采收前后施用24-6-10或23-8-11配方肥0.3kg/株，折合亩用量30kg（按100株计算）；

10—11月施用越冬肥：施用18-6-16或18-7-15配方肥0.15kg/株，折合亩用量15kg（按100株计算），加施腐熟畜禽粪水4 000kg/亩，花椒枝条粉碎腐熟发酵后撒于花椒行间，每亩施用1 000kg

效益分析

| 租地成本（元/亩） | 人工成本（元/亩） | 机械成本（元/亩） |
|---|---|---|
| 180 | 1 000 | 50 |
| 灌溉成本（元/亩） | 施肥与用药成本（元/亩） | 鲜椒产量（kg/亩） |
| 0 | 520 | 500 |

180

（续）

| 效益分析 | 农产品价格/(元/kg) | 10 |
| | 产值/(元/亩) | 5 000 |
| | 效益/(元/亩) | 3 250 |
| 备注 | 照片1 | 照片2 |

照片1

照片2

表6-9 潼南区2021年花椒四方协作典型案例表

| 基本情况 | | | | | |
|---|---|---|---|---|---|
| 业主姓名 | 张家力 | 地址 | 潼南区龙形镇高楼村 | 联系电话 | 138×××××6996 |
| 指导老师 | 王正银 | 区（县）技术负责人 | 冯兴 | 协作企业 | 重庆市宝禾肥业有限公司 |
| 经营模式 | 土地流转 | 海拔/m | 276 | 地形条件 | 浅丘 |
| 土壤类型 | 紫色土 | 经营规模/亩 | 600 | 代表面积/亩 | 4 000 |
| 主要模式 | 配方施肥+商品有机肥 | 主要目标 | 化肥施用量减少10%，产量增加10%以上，耕地质量和农产品品质得到进一步提升 | | |
| 主要农事操作 | 3—4月壮果肥：施用15—5—20配方肥0.3kg/株，折合亩用量24kg（亩植80株）；5—6月促梢肥：施用24—6—11配方肥0.45kg/株，折合亩用量36kg（亩植80株）；花椒采收前后施用15—10—15配方肥0.4kg/株，折合亩用量32kg（亩植80株），加施12月至翌年1月越冬肥：商品有机肥5kg/株 | | | | |

| 效益分析 | | | | | |
|---|---|---|---|---|---|
| 租地成本/（元/亩） | 300 | 人工成本/（元/亩） | 500 | 机械成本/（元/亩） | 100 |
| 灌溉成本/（元/亩） | 0 | 施肥与用药成本/（元/亩） | 830 | 鲜椒产量/（kg/亩） | 550 |
| 农产品价格/（元/kg） | 10 | 产值/（元/亩） | 5 500 | 效益/（元/亩） | 3 770 |

（续）

| 备注 | | |
|---|---|---|
| 照片 1 | 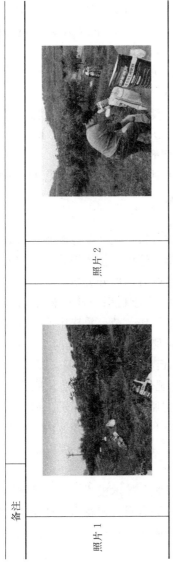 | 照片 2 |

施肥＋商品有机肥"技术模式，制订了具体的施肥方案。

①3—4月壮果肥。施用15-5-20配方肥0.3 kg/株，折合亩用量24 kg（亩植80株）。

②5—6月促梢肥。花椒采收前后施用24-6-11配方肥0.45 kg/株，折合亩用量36 kg（亩植80株）。

③12月至翌年1月越冬肥。施用15-10-15配方肥0.4 kg/株，折合亩用量32 kg（亩植80株），加施商品有机肥5 kg/株。

**3. 花椒四方协作典型案例表**

潼南区2020年花椒四方协作典型案例表见表6-8，2021年典型案例表见表6-9。

**4. 综合评价**

（1）化肥减量和经济效益分析。从"配方施肥＋畜禽粪水综合利用＋花椒枝条粉碎腐熟还田"技术模式与"配方施肥＋商品有机肥"技术模式这两方面展开分析。

①"配方施肥＋畜禽粪水综合利用＋花椒枝条粉碎还田"技术模式。通过开展四方协作示范，重庆市潼南区巨恒农业有限公司花椒基地全年化肥施用量由示范前1.1 kg/株减少到了0.9 kg/株，按照每亩种植100株计算，减少了20 kg/亩，示范区共计减少了化肥使用70 t。按照化肥市场价格3 500元/t计算，总节约化肥成本24.5万元。示范区内施肥配方更加合理，化肥选择不再盲目。示范区内花椒产量增加了50 kg/亩，共计增产了175 t，按照花椒单价10元/kg计算，总增产增收175万元。

②"配方施肥＋商品有机肥"技术模式。通过开展四方协作示范，重庆天裕乐农业发展有限公司花椒基地全年化肥施用量由示范前1.3 kg/株减少到了1.15 kg/株，按照每亩种植80株计算，减少了12 kg/亩，示范区共计减少了化肥

7.2 t。按照化肥市场价格 3 500 元/t 计算，总节约化肥成本 2.52 万元。示范区内增施商品有机肥 400 kg/亩，按商品有机肥市场价格 1 500 元/t 计算，增加商品有机肥购买成本 36 万元。示范区内花椒产量增加了 100 kg/亩，共计增产了 60 t，按照花椒单价 10 元/kg 计算，总增产增收 60 万元，去除肥料购买成本共计增加经济效益 26.52 万元。

（2）社会和生态效益分析。通过实施"配方施肥＋畜禽粪水综合利用＋花椒枝条粉碎腐熟还田""配方施肥＋商品有机肥"技术模式，减少了化肥施用，实现了化肥减量增效，符合国家倡导的生态文明建设重大战略部署，有效解决了畜禽养殖粪水和花椒枝条利用问题，实现变废为宝和资源化利用，改善了花椒基地耕地质量，保障了花椒产业绿色健康可持续发展，促进了节本增效、农业增产、农民增收和环境改善。该技术模式可在全区 8.4 万余亩花椒基地上推广应用。

# 六、酉阳县典型案例

## 1. 发展概况

酉阳县花椒产业通过近几年的发展，形成了以泔溪、酉酬、李溪等地为核心的花椒园规范化种植基地。花椒产业已成为酉阳县农业特色产业之一。到 2020 年，全县花椒种植面积 19 万余亩，之前由于椒农不合理施肥，在肥料品种选择上偏向于单质肥料，所施用的肥料中氮、磷、钾配比不合理，大多重施氮肥，轻施磷、钾肥，少施或基本上不施中、微量元素肥料，导致土壤出现酸化板结现象，严重影响花椒的品质和产量。

## 2. 主推技术模式

为了提高花椒产量和品质，酉阳县农业农村委员会与重庆市农技推广总站、西南大学、重庆市万植巨丰生态肥业有限公司、重庆和信农业发展有限公司签订四方协议联合攻关，通过对椒农施肥调查、取土化验、试验示范，基本摸清了酉阳县土壤结构及理化性状，土壤得以改良，基本掌握了酉阳县花椒最佳施肥期及施肥量，产量与品质均得以明显提升。技术方案如下：第一，以新型配方肥（22 - 11 - 12）为主，上下微调；第二，配方肥＋有机肥；第三，"配方肥＋绿肥"等为主推模式。根据酉阳县实际，越冬肥重施有机肥，萌芽肥重施氮、磷肥，壮果肥重施磷、钾肥，月母肥氮、磷、钾相对均衡施用等技术措施，实时注意对田间病、虫、草害的管理。

## 3. 花椒四方协作典型案例表

酉阳县 2019—2020 年花椒四方协作典型案例表见表6 - 10。

## 4. 综合评价

（1）化肥减量和经济效益分析。通过四方协作，酉阳县的花椒化肥使用量从以前的 2 kg/株降至现在的 1.8 kg/株，每亩按 80 株计算，每亩少施化肥 16 kg，当年减少了 0.3 万吨，每亩增施 200 多千克有机肥，当年约增施 3.8 万 t；产量从之前的每亩 160 kg 提升到现在的每亩 180 kg，每亩增加 20 kg，价格按 10 元/kg 计算，每亩增加 200 元，增收 3.8 万元，增幅达 7.7%；全县约 1.9 万户椒农，户均增收 2 000 元。

（2）社会和生态效益分析。通过对土壤进行酸化改良、增施有机肥及新型肥料、种植绿肥等技术措施，技术推广覆盖率达 96%，面积达 18.24 万亩。这有效降低了化肥的使用量，改良提升了土壤结构及理化性状，有效提升了产量品质，从而促进酉阳县花椒产业健康绿色发展。

表6-10　酉阳县2019—2020年花椒四方协作典型案例表

| 基本情况 | 业主姓名 | 重庆和信农业发展有限公司 | 地址 | | 联系电话 | 137×××××3913 |
|---|---|---|---|---|---|---|
| | 指导老师 | 王正银 | 区（县）技术负责人 | 冉义明 | 协作企业 | 重庆市万穆巨丰生态肥业有限公司 |
| | 经营模式 | 规模化经营 | 海拔/m | 376 | 地形条件 | 山地 |
| | 土壤类型 | 黄壤 | 经营规模/亩 | 500 | 代表面积/亩 | 100 |
| | 主要模式 | 公司+农户 | 主要目标 | 完成配方肥筛选及花椒园土壤酸化改良试验示范推广，确保取得成效 | | |
| 主要农事操作 | | | 2019年6月母肥（采果前10d左右），2019年7月20日促梢壮皮肥，2019年9月20日越冬肥，2020年3月20日萌芽肥，2020年4月20日壮果肥 | | | |
| 效益分析 | 租地成本/（元/亩） | 300 | 人工成本/（元/亩） | 800 | 机械成本/（元/亩） | 0 |
| | 灌溉成本/（元/亩） | 0 | 施肥与用药成本/（元/亩） | 100 | 鲜椒产量/（kg/亩） | 180 |
| | 农产品价格/（元/kg） | 10 | 产值/（元/亩） | 1 800 | 效益/（元/亩） | 600 |
| 备注 | | | | | | |

（续）

照片 2

照片 1

# 参考文献

鲍士旦，2005. 土壤农化分析［M］. 北京：中国农业出版社.

毕君，赵京献，王春荣，等，2006. 国内外花椒研究概况［J］. 经济林研究（3）：46-48.

卞浩，何锡文，2016. 江津区九叶青花椒产业发展现状及对策［J］. 安徽农学通报（13）：71-72.

曹玉贤，朱建强，侯俊，2020. 中国再生稻的产量差及影响因素［J］. 中国农业科学，53（4）：707-719.

陈俊竹，容丽，熊康宁，2019. 套种模式对顶坛花椒土壤控制元素含量的影响［J］. 西南农业学报，32（4）：763-769.

陈伦寿，李仁岗，1984. 农田施肥原理与实践［M］. 北京：中国农业出版社.

陈晓辉，2018. 中国种植业结构演变及其资源环境代价研究［D］. 北京：中国农业大学.

褚清河，强彦珍，2011. 经济学与肥料学中报酬递减律的同一性及其问题［J］. 山西农业科学，39（1）：33-37.

崔俊，李孟楼，2008. 花椒开发利用研究进展［J］. 林业工程学报，22（2）：9-14.

狄彩霞，王正银，2004. 影响花椒产量和品质的因素［J］. 中国农学通报（3）：179-181，189.

傅立国，陈潭清，郎楷永，等，2001. 中国高等植物（第8卷）[M].
青岛：青岛出版社：398-448.

高祥照，马常宝，杜森，2005. 测土配方施肥技术 [M]. 北京：中
国农业出版社.

郭立新，曹永红，吕瑞娥，等，2014. 花椒配方施肥研究初探 [J].
甘肃科技纵横，43（12）：113-114.

国家林业局，1999—2015. 中国林业统计年鉴 [M]. 北京：中国林
业出版社.

侯彦林，2014. 生态平衡施肥理论、方法及其应用 [M]. 北京：中
国农业出版社.

胡蔼堂，2003. 植物营养学 [M]. 北京：中国农业大学出版社.

黄成就，1997. 中国植物志 [M]. 北京：科学出版社.

黄建国，2003. 植物营养学 [M]. 北京：中国林业出版社.

黄倩楠，党海燕，黄婷苗，等，2020. 我国主要麦区农户施肥评价及
减肥潜力分析 [J]. 中国农业科学，53（23）：4816-4834.

黄庆德，2015. 重庆市江津区九叶青花椒减产原因及对策分析 [J].
南方农业，9（25）：22-24.

李宏梁，薛婷，2014. 花椒果皮的研究进展 [J]. 中国调味品，1：
124-127.

李建红，张水华，孔令会，2009. 花椒研究进展 [J]. 中国调味品，
2（34）：28-35.

刘保花，陈新平，崔振岭，等，2015. 三大粮食作物产量潜力与产量
差研究进展 [J]. 中国生态农业学报，23（5）：525-534.

刘春生，2006. 土壤肥料学 [M]. 北京：中国农业大学出版社.

刘清华，2010. 莱芜市花椒产业化经营组织与模式研究 [D]. 青岛：
中国海洋大学.

刘汝乾，2012. 九叶青花椒缩枝矮化密植技改丰产管理技术初探 [J].
安徽农学通报 (16)：168-170.

刘廷勇，2017. 重庆青花椒种植现状调查 [J]. 植物医生 (4).

刘祥，2014. 浅谈九叶青花椒的生长结果特性 [J]. 农业开发与装备
(10)：136-136.

罗太海，2014. 九叶青花椒发展前景及其高效种植技术 [J]. 安徽农
学通报 (14)：46-46.

孟庆翠，2009. 花椒配方肥研究 [D]. 陕西：西北农林科技大学.

米晓田，石磊，何刚，等，2021. 陕西省小农户作物生产的减肥潜力
及经济效益评价 [J]. 中国农业科学，54 (20)：4370-4384.

孙丙寅，邓振义，康克功，等，2006. 不同配方施肥对花椒产量和质
量的影响 [J]. 陕西农业科学 (1)：7-8，11.

唐海龙，2019. 配方施肥对竹叶花椒生长和产量品质及土壤肥力的影
响 [D]. 成都：四川农业大学.

唐宇翀，董雪梅，陈勇，2021. 栽培密度和气候因子对广安青花椒锈
病发生的影响 [J]. 现代农业科技 (18)：99-102.

涂仕华，2002. 中国西地区平衡施肥研究与进展 [M]. 成都：四川
大学出版社.

王进闯，潘开文，吴宁，等，2005. 花椒农林复合生态系统的简化对某
些相关因子的影响 [J]. 应用与环境生物学报，11 (1)：36-39.

王景燕，唐海龙，龚伟，等，2016. 水肥耦合对汉源花椒幼苗生长、养分
吸收和肥料利用的影响 [J]. 南京林业大学学报，40 (3)：33-40.

王帅，韩晓飞，王洋，等，2018. 九叶青花椒叶片矿质营养元素主要
物候期动态变化特征 [J]. 西南农业学报，31 (7)：6.

王帅，赵敬坤，王洋，等，2021. 重庆花椒种植区主要类型土壤剖面
的肥力特征 [J]. 西南大学学报：自然科学版，43 (11)：8.

魏安智，杨途熙. 花椒安全生产技术指南 [M]. 北京：中国农业出

版社，2012.

文家富，2009. 江津花椒生长周期关键管理技术 [J]. 安徽农学通报
（上半月刊），15（15）：184-185.

吴建富，施翔，肖青亮，等，2003. 我国肥料利用现状及发展对策
[J]. 江西农业大学学报，25（5）：725-727.

谢德体，2015. 土壤肥料学 [M]. 北京：中国林业出版社.

闫湘，2008. 我国化肥利用现状与养分资源高效利用 [D]. 北京：中
国农业科学院.

杨彬，郑全会，郑云，2016. 定植密度对九叶青花椒生长和产量的影
响 [J]. 南方农业，10（1）：13-14.

杨红艳，王洋，2014. 重庆市江津区九叶青花椒肥料效应试验初报
[J]. 南方农业，8（25）：13-15.

杨林生，2019. 重庆九叶青花椒养分管理现状及优化施肥研究 [D].
重庆：西南大学.

杨林生，杨敏，彭清，等，2020. 重庆市九叶青花椒施肥现状评价
[J]. 西南大学学报（自然科学版），42（3）：61-68.

杨青林，桑利民，孙吉茹，等，2011. 我国肥料利用现状及提高化肥
利用率的方法 [J]. 山西农业科学，39（7）：690-692.

杨仕曦，吕广斌，黄云，等，2019. 九龙坡花椒种植区地形、土壤肥力
与花椒产量的关系 [J]. 中国生态农业学报，27（12）：1823-1832.

杨志武，高山，罗成荣，等，2018. 不同配方施肥对不同树龄日本无
刺花椒生长发育影响的初步研究 [J]. 四川林业科技，39（6）：
48-50，61.

姚佳，蒲彪，2010. 青花椒的研究进展 [J]. 中国调味品，6（35）：
35-39.

张福锁，2017. 没有化肥就没有现在的农业 [J]. 黑龙江粮食（8）：
49-50.

张国桢，李世清，2005. 氮磷钾配比对花椒产量的影响及其肥料效应模型分析 [J]. 干旱地区农业研究，23（6）：119-123.

张和义，2014. 花椒高产栽培新技术 [M]. 陕西：西北农林科技大学出版社.

张俊伶，张江周，申建波，等，2020. 土壤健康与农业绿色发展：机遇与对策 [J]. 土壤学报，57（4）：783-796

张智，2018. 长江流域冬油菜产量差与养分效率差特征解析 [D]. 武汉：华中农业大学.

赵敬坤，陈松柏，李忠意，等，2021. 模糊综合评价法判断重庆花椒种植区土壤肥力水平 [J]. 中国农机化学报，42（10）：7，206-212.

钟欣平，喻阳华，侯堂春，2021. 干热河谷石漠化区顶坛花椒叶片蒸腾速率及其与环境因子的关系 [J]. 西南农业学报，34（7）：1548-1555.

周广阔，曹轩峰，王永平，等，2013. 凤县花椒芽苗菜无公害生产初探 [J]. 陕西农业科学，59（3）：155-156.

周其宣，王家容，2013. 浅谈九叶青花椒高产栽培管理关键技术 [J]. 安徽农学通报，19（18）：57-58，131.

周一帆，杨林生，孟博，等，2021. 中国甘蔗主产区产量差及影响因素分析 [J]. 中国农业科学，54（11）：2377-2388.

Breiman L，2001. Random forests [J]. Machine Learning，45：5-32.

Charles A，Browne，1942. Liebig and the Law of Minimum，Liebig and After Liebig [C] //Am Assoe Adv Sci. A Century of Progress in Agricultural Chemistry. Lancaster. PA：The Science Press Printing Co：71-82.

Evans L T，1998. Crop evolution，adaptation and yield [J]. Photosynthetica，34（1）：56-56.

Lu M，Powlson D S，Liang Y，et al.，2021. Significant Soil Degradation is Associated with Intensive Vegetable Cropping in Subtropical Area: A Case Study in Southwest China [J]. Soil, 7: 333 – 346.

Mari ć S, Guberac V, Petrovi ć S, et al., 2008. Impacts of Testing Environments and Crop Density on Winter Wheat Kernel Weight [J]. Journal of Bone and Joint Surgery, 47 (1): 819 – 829.

Stewart W M, Dibb D W, Johnston A E, et al., 2005. The Contribution of Commercial Fertilizer Nutrients to Food Production [J]. Agronomy Journal, 97 (1): 1 – 6.

Wang W, Lu P, Tang H, et al., 2017. *Zanthoxylum bungeanum* Seed Oil Based Carbon Solid Acid Catalyst for the Production of Biodiesel [J]. New J. Chem, 10: 1039.

Zhang J, Jiang L, 2008. Acid-catalyzed Esterification of *Zanthoxylum bungeanum* Seed Oil with High Free Fatty Acids for Biodiesel Production [J]. Bioresource Technology, 99 (18): 8995 – 8998.

**图书在版编目（CIP）数据**

重庆青花椒综合营养管理／曾卓华主编．—北京：
中国农业出版社，2023.5
ISBN 978-7-109-30812-1

Ⅰ．①重… Ⅱ．①曾… Ⅲ．①花椒－研究 Ⅳ．
①S573

中国国家版本馆CIP数据核字（2023）第111647号

---

中国农业出版社出版

地址：北京市朝阳区麦子店街18号楼
邮编：100125
责任编辑：全 聪 文字编辑：赵冬博
版式设计：李 文 责任校对：吴丽婷
印刷：中农印务有限公司
版次：2023年5月第1版
印次：2023年5月北京第1次印刷
发行：新华书店北京发行所
开本：787mm×1092mm 1/32
印张：6.5 插页：28
字数：185千字
定价：42.00元

---

该县土壤的典型剖面的基本信息总表

| 剖面编号 | 采样地 | 土壤类型 | 亚类 | 土属 | 土种 | 成土母质 | 剖面层次 | 是否采集母岩 |
|---|---|---|---|---|---|---|---|---|
| 1 | 江津区 | 紫色土 | 中性紫色土 | 棕紫泥 | 棕紫沙泥土 | 侏罗系蓬莱镇组（$J_3p$）紫色泥页岩 | A—B—C | 是 |
| 2 | 江津区 | 紫色土 | 石灰性紫色土 | 红棕紫泥 | 石骨子土 | 侏罗系（$J_3sn$）紫色泥页岩 | A—C | 是 |
| 3 | 江津区 | 紫色土 | 中性紫色土 | 灰棕紫泥 | 大眼泥土 | 侏罗系沙溪庙组（$J_2s$）紫色泥页岩 | A—B—C | 是 |
| 4 | 江津区 | 紫色土 | 中性紫色土 | 棕紫泥 | 棕紫泥土 | 侏罗系蓬莱镇组（$J_3p$）紫色沙岩 | A—B—C | 是 |
| 5 | 江津区 | 紫色土 | 石灰性紫色土 | 红棕紫泥 | 红棕紫泥土 | 侏罗系遂宁组（$J_3sn$）紫色泥页岩 | A—B—C | 是 |
| 6 | 江津区 | 紫色土 | 中性紫色土 | 灰棕紫泥 | 半沙半泥土 | 侏罗系沙溪庙组（$J_2s$）紫色泥页岩 | A—C | 是 |
| 7 | 江津区 | 紫色土 | 石灰性紫色土 | 红棕紫泥 | 红紫沙泥土 | 侏罗系遂宁组（$J_3sn$）紫色泥页岩 | A—C | 是 |
| 8 | 江津区 | 紫色土 | 中性紫色土 | 灰棕紫泥 | 半沙半泥土 | 侏罗系遂宁组（$J_3sn$）紫色泥页岩 | A—C | 是 |
| 9 | 潼南区 | 紫色土 | 石灰性紫色土 | 红棕紫泥 | 石骨子土 | 侏罗系遂宁组（$J_2s$）紫色泥页岩 | A—C | 是 |
| 10 | 潼南区 | 紫色土 | 石灰性紫色土 | 红棕紫泥 | 红紫沙泥土 | 侏罗系遂宁组（$J_3sn$）紫色泥页岩 | A—B—C | 是 |
| 11 | 潼南区 | 紫色土 | 石灰性紫色土 | 红棕紫泥 | 红棕紫泥土 | 侏罗系遂宁组（$J_3sn$）紫色泥页岩 | A—B—C | 是 |
| 12 | 酉阳县 | 石灰岩土 | 黄色石灰岩土 | 石灰黄泥 | 碗碗土 | 寒武系（∈）石灰岩 | A—C | 是 |
| 13 | 酉阳县 | 石灰岩土 | 黄色石灰岩土 | 石灰黄泥 | 石渣黄泥土 | 寒武系（∈）石灰岩 | A—C | 否 |
| 14 | 酉阳县 | 黄壤 | 黄壤性土 | 粗骨黄壤 | 扁沙黄泥土 | 寒武系（∈）石灰岩 | A—B—C | 否 |

剖面编号：1号　重庆市　江津区　先锋镇　麻柳村　采样时间：2020年6月29日
东经：106.273 379　北纬：29.200 695　海拔：476m　地形部位：倒置低山中、上部

田块照片

景观照

土壤类型：紫色土　亚类：中性紫色土　土属：棕紫泥　土种：棕紫沙泥土
成土母质：侏罗系蓬莱镇组（J₃p）紫色泥页岩

土壤剖面

根系分布

## 剖面描述

| 层次代号 | 层次名称 | 层次深度/cm | 质地 | 结构 | 紧实度 | 颜色 | 花椒根系 |
|---|---|---|---|---|---|---|---|
| A | 耕作层 | 0～30 | 壤土 | 团粒状 | 疏松 | 暗棕紫色 | 很少 |
| B | 心土层 | 30～60 | 壤土 | 粒状 | 较紧实 | 棕紫色 | 多 |
| C | 底土层 | >60 | 壤土 | 粒状 | 较紧实 | 棕紫色 | 无 |

## 物理性状

| 层次代号 | 容重/(g/cm³) | 自然含水量/% | 田间持水量/% | 毛管含水量/% | 饱和含水量/% | 总孔隙度/% | 毛管孔隙度/% | 非毛管孔隙度/% |
|---|---|---|---|---|---|---|---|---|
| A | 1.48 | 25.03 | 22.83 | 23.73 | 26.33 | 44.26 | 35.04 | 9.22 |
| B | 1.61 | 17.37 | 16.92 | 21.12 | 24.49 | 39.24 | 27.24 | 11.99 |
| C | 1.66 | 17.79 | 18.35 | 19.90 | 20.16 | 37.21 | 30.53 | 6.68 |

## 化学性状——常规养分

| 层次代号 | pH | 电导率/(μS/cm) | 有机质/(g/kg) | 全氮/(g/kg) | 全磷/(g/kg) | 全钾/(g/kg) | 碱解氮/(mg/kg) | 有效磷/(mg/kg) | 速效钾/(mg/kg) | 缓效钾/(g/kg) |
|---|---|---|---|---|---|---|---|---|---|---|
| A | 7.9 | 131.0 | 18.5 | 1.230 | 0.991 | 29.5 | 72.70 | 81.200 | 303 | 0.627 |
| B | 8.4 | 95.2 | 5.23 | 0.582 | 0.630 | 30.0 | 26.80 | 0.693 | 43 | 0.471 |
| C | 8.3 | 108.0 | 6.60 | 0.652 | 0.642 | 29.1 | 26.80 | 1.880 | 40 | 0.472 |
| R | 7.4 | 101.0 | 1.58 | 0.502 | 0.779 | 39.2 | 7.66 | 6.040 | 62 | 0.464 |

## 化学性状——阳离子交换性能

| 层次代号 | 交换性钾/(cmol/kg) | 交换性钠/(cmol/kg) | 交换性钙/(cmol/kg) | 交换性镁/(cmol/kg) | 交换性酸/(cmol/kg) | 交换性氢/(cmol/kg) | 交换性铝/(cmol/kg) | 阳离子交换量/(cmol/kg) | 碳酸盐/(g/kg) |
|---|---|---|---|---|---|---|---|---|---|
| A | — | — | — | — | — | — | — | 17.1 | 55.1 |
| B | — | — | — | — | — | — | — | 19.7 | 71.1 |
| C | — | — | — | — | — | — | — | 20.7 | 72.8 |
| R | — | — | — | — | — | — | — | 21.0 | 112.0 |

## 化学性状——有效中、微量元素

| 层次代号 | 有效铁/(mg/kg) | 有效锰/(mg/kg) | 有效铜/(mg/kg) | 有效锌/(mg/kg) | 有效钼/(mg/kg) | 有效硼/(mg/kg) | 有效硅/(mg/kg) | 有效硫/(mg/kg) |
|---|---|---|---|---|---|---|---|---|
| A | 4.76 | 9.09 | 0.673 | 3.650 | 0.130 | 0.582 | 106.0 | 65.3 |
| B | 2.76 | 6.75 | 0.357 | 0.479 | 0.034 | 0.571 | 95.0 | 42.0 |
| C | 2.90 | 7.98 | 0.349 | 0.378 | 0.047 | 0.710 | 117.0 | 38.0 |
| R | 4.28 | 3.34 | 0.292 | 0.304 | 0.021 | 0.805 | 75.2 | 23.3 |

## 化学性状——全量元素

| 层次代号 | 全铁/(g/kg) | 全锰/(mg/kg) | 全铜/(mg/kg) | 全锌/(mg/kg) | 全硒/(μg/kg) | 全铅/(mg/kg) | 全铬/(mg/kg) | 全砷/(mg/kg) | 全汞/(μg/kg) | 全镉/(mg/kg) |
|---|---|---|---|---|---|---|---|---|---|---|
| A | 25.2 | 616 | 17.0 | 109.0 | 194.0 | 25.0 | 33.7 | 7.26 | 73.5 | 0.203 |
| B | 25.3 | 606 | 14.1 | 79.5 | 83.5 | 20.0 | 35.9 | 7.76 | 28.7 | 0.233 |
| C | 25.1 | 617 | 14.7 | 83.5 | 72.9 | 19.8 | 38.4 | 6.77 | 34.3 | 0.236 |
| R | 30.3 | 421 | 13.9 | 107.0 | 59.4 | 14.0 | 43.0 | 10.90 | 24.9 | 0.299 |

剖面编号：2号　重庆市　江津区　先锋镇　绣庄村　　采样时间：2020年6月29日

东经：106.278 823　北纬：29.202 439　海拔：378m　　地形部位：倒置低山中、上部

备注：江津青花椒土壤剖面—遂宁组—坡腰

田块照片

景观照

土壤类型：紫色土　亚类：石灰性紫色土　土属：红棕紫泥
土种：石骨子土　成土母质：侏罗系遂宁组（J₃sn）紫色泥页岩

土壤剖面

根系分布

## 剖面描述

| 层次代号 | 层次名称 | 层次深度/cm | 质地 | 结构 | 紧实度 | 颜色 | 花椒根系 |
|---|---|---|---|---|---|---|---|
| A | 耕作层 | 0～25 | 壤土 | 粒状 | 疏松 | 红棕紫色 | 多 |
| C | 底土层 | >25 | 母岩碎屑 | 块状 | — | 红棕紫色 | 很少 |

## 物理性状

| 层次代号 | 容重/(g/cm³) | 自然含水量/% | 田间持水量/% | 毛管含水量/% | 饱和含水量/% | 总孔隙度/% | 毛管孔隙度/% | 非毛管孔隙度/% |
|---|---|---|---|---|---|---|---|---|
| A | 1.39 | 18.60 | 20.81 | 24.76 | 32.10 | 47.61 | 28.89 | 18.72 |
| C | — | — | — | — | — | — | — | — |

## 化学性状——常规养分

| 层次代号 | pH | 电导率/(μS/cm) | 有机质/(g/kg) | 全氮/(g/kg) | 全磷/(g/kg) | 全钾/(g/kg) | 碱解氮/(mg/kg) | 有效磷/(mg/kg) | 速效钾/(mg/kg) | 缓效钾/(g/kg) |
|---|---|---|---|---|---|---|---|---|---|---|
| A | 8.3 | 122.0 | 15.10 | 1.080 | 0.673 | 28.5 | 28.7 | 2.67 | 55 | 0.391 |
| C | 7.6 | 96.1 | 2.51 | 0.400 | 0.884 | 33.8 | 15.3 | 1.48 | 53 | 0.369 |
| R | 7.9 | 64.1 | 2.97 | 0.350 | 0.788 | 26.9 | 11.5 | 3.07 | 68 | 0.328 |

## 化学性状——阳离子交换性能

| 层次代号 | 交换性钾/(cmol/kg) | 交换性钠/(cmol/kg) | 交换性钙/(cmol/kg) | 交换性镁/(cmol/kg) | 交换性酸/(cmol/kg) | 交换性氢/(cmol/kg) | 交换性铝/(cmol/kg) | 阳离子交换量/(cmol/kg) | 碳酸盐/(g/kg) |
|---|---|---|---|---|---|---|---|---|---|
| A | — | — | — | — | — | — | — | 22.0 | 91.8 |

| 层次代号 | 交换性钾/(cmol/kg) | 交换性钠/(cmol/kg) | 交换性钙/(cmol/kg) | 交换性镁/(cmol/kg) | 交换性酸/(cmol/kg) | 交换性氢/(cmol/kg) | 交换性铝/(cmol/kg) | 阳离子交换量/(cmol/kg) | 碳酸盐/(g/kg) |
|---|---|---|---|---|---|---|---|---|---|
| C | — | — | — | — | — | — | — | 16.9 | 198.0 |
| R | — | — | — | — | — | — | — | 13.3 | 144.0 |

## 化学性状——有效中、微量元素

| 层次代号 | 有效铁/(mg/kg) | 有效锰/(mg/kg) | 有效铜/(mg/kg) | 有效锌/(mg/kg) | 有效钼/(mg/kg) | 有效硼/(mg/kg) | 有效硅/(mg/kg) | 有效硫/(mg/kg) |
|---|---|---|---|---|---|---|---|---|
| A | 3.39 | 5.01 | 0.260 | 1.880 | 0.156 | 0.657 | 80.6 | 26.6 |
| C | 3.48 | 3.11 | 0.187 | 0.256 | 0.035 | 0.627 | 55.4 | 32.6 |
| R | 2.73 | 4.29 | 0.170 | 0.367 | 0.032 | 0.655 | 65.3 | 26.0 |

## 化学性状——全量元素

| 层次代号 | 全铁/(g/kg) | 全锰/(mg/kg) | 全铜/(mg/kg) | 全锌/(mg/kg) | 全硒/(μg/kg) | 全铅/(mg/kg) | 全铬/(mg/kg) | 全砷/(mg/kg) | 全汞/(μg/kg) | 全镉/(mg/kg) |
|---|---|---|---|---|---|---|---|---|---|---|
| A | 28.0 | 649 | 15.2 | 118.0 | 250.0 | 29.8 | 40.7 | 5.98 | 29.6 | 0.178 |
| C | 31.3 | 717 | 16.3 | 93.8 | 55.8 | 23.9 | 42.0 | 12.80 | 26.9 | 0.205 |
| R | 13.5 | 507 | 11.6 | 42.2 | 18.6 | 15.6 | 33.4 | 9.77 | 16.2 | 0.115 |

剖面编号：3号　重庆市　江津区　先锋镇　绣庄村　采样时间：2020年6月29日

东经：106.284 285　北纬：29.214 103　海拔：294m　地形部位：丘陵谷底

田块照片

景观照

土壤类型：紫色土　亚类：中性紫色土　土属：灰棕紫泥　土种：大眼泥土
成土母质：侏罗系沙溪庙组（$J_2s$）紫色泥页岩

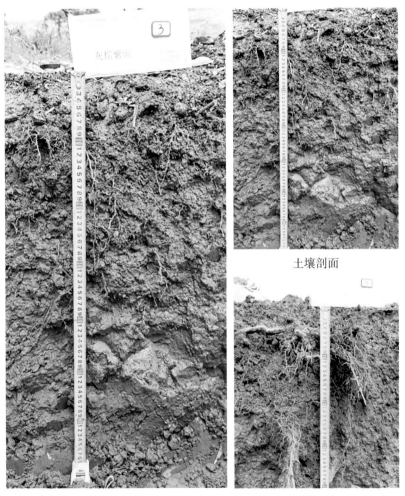

土壤剖面

根系分布

### 剖面描述

| 层次代号 | 层次名称 | 层次深度/cm | 质地 | 结构 | 紧实度 | 颜色 | 花椒根系 |
|---|---|---|---|---|---|---|---|
| A | 耕作层 | 0~25 | 壤土 | 粒状 | 疏松 | 灰棕紫色 | 多 |
| B | 心土层 | 25~45 | 壤土 | 小块状 | 较紧实 | 灰棕紫色 | 很少 |
| C | 底土层 | >45 | 重壤土 | 棱柱状 | 紧实 | 灰棕紫色 | 无 |

### 物理性状

| 层次代号 | 容重/(g/cm³) | 自然含水量/% | 田间持水量/% | 毛管含水量/% | 饱和含水量/% | 总孔隙度/% | 毛管孔隙度/% | 非毛管孔隙度/% |
|---|---|---|---|---|---|---|---|---|
| A | 1.45 | 25.48 | 25.75 | 28.77 | 35.54 | 45.47 | 37.21 | 8.25 |
| B | 1.61 | 24.00 | 24.13 | 25.42 | 28.61 | 39.24 | 38.86 | 0.38 |
| C | 1.67 | 22.23 | 21.06 | 22.83 | 23.19 | 36.82 | 35.26 | 1.56 |

### 化学性状——常规养分

| 层次代号 | pH | 电导率/(μS/cm) | 有机质/(g/kg) | 全氮/(g/kg) | 全磷/(g/kg) | 全钾/(g/kg) | 碱解氮/(mg/kg) | 有效磷/(mg/kg) | 速效钾/(mg/kg) | 缓效钾/(g/kg) |
|---|---|---|---|---|---|---|---|---|---|---|
| A | 8.0 | 185.0 | 22.10 | 1.410 | 0.843 | 27.7 | 49.8 | 27.7 | 468 | 0.472 |
| B | 8.2 | 207.0 | 12.70 | 0.851 | 0.559 | 26.8 | 53.6 | 4.16 | 48 | 0.412 |
| C | 8.3 | 170.0 | 8.60 | 0.704 | 0.533 | 26.4 | 53.6 | 1.68 | 44 | 0.382 |
| R | 7.9 | 70.8 | 3.01 | 0.289 | 0.999 | 28.2 | 32.5 | 6.04 | 47 | 0.435 |

### 化学性状——阳离子交换性能

| 层次代号 | 交换性钾/(cmol/kg) | 交换性钠/(cmol/kg) | 交换性钙/(cmol/kg) | 交换性镁/(cmol/kg) | 交换性酸/(cmol/kg) | 交换性氢/(cmol/kg) | 交换性铝/(cmol/kg) | 阳离子交换量/(cmol/kg) | 碳酸盐/(g/kg) |
|---|---|---|---|---|---|---|---|---|---|
| A | — | — | — | — | — | — | — | 21.2 | 36.6 |

| 层次代号 | 交换性钾/ (cmol/ kg) | 交换性钠/ (cmol/ kg) | 交换性钙/ (cmol/ kg) | 交换性镁/ (cmol/ kg) | 交换性酸/ (cmol/ kg) | 交换性氢/ (cmol/ kg) | 交换性铝/ (cmol/ kg) | 阳离子交换量/ (cmol/ kg) | 碳酸盐/ (g/kg) |
|---|---|---|---|---|---|---|---|---|---|
| B | — | — | — | — | — | — | — | 21.5 | 42.2 |
| C | — | — | — | — | — | — | — | 20.5 | 42.6 |
| R | — | — | — | — | — | — | — | 12.8 | 108.0 |

## 化学性状——有效中、微量元素

| 层次代号 | 有效铁/ (mg/kg) | 有效锰/ (mg/kg) | 有效铜/ (mg/kg) | 有效锌/ (mg/kg) | 有效钼/ (mg/kg) | 有效硼/ (mg/kg) | 有效硅/ (mg/kg) | 有效硫/ (mg/kg) |
|---|---|---|---|---|---|---|---|---|
| A | 17.80 | 5.06 | 1.250 | 2.330 | 0.093 | 0.722 | 182.0 | 41.3 |
| B | 8.63 | 6.41 | 1.100 | 0.241 | 0.161 | 0.686 | 115.0 | 50.0 |
| C | 8.64 | 8.50 | 1.010 | 0.146 | 0.088 | 0.614 | 104.0 | 49.3 |
| R | 3.13 | 8.26 | 0.178 | 0.198 | 0.019 | 0.712 | 62.6 | 22.6 |

## 化学性状——全量元素

| 层次代号 | 全铁/ (g/kg) | 全锰/ (mg/kg) | 全铜/ (mg/kg) | 全锌/ (mg/kg) | 全硒/ (μg/kg) | 全铅/ (mg/kg) | 全铬/ (mg/kg) | 全砷/ (mg/kg) | 全汞/ (μg/kg) | 全镉/ (mg/kg) |
|---|---|---|---|---|---|---|---|---|---|---|
| A | 28.4 | 465 | 17.0 | 119.0 | 273.0 | 26.6 | 43.8 | 6.89 | 66.9 | 0.248 |
| B | 29.1 | 538 | 16.1 | 97.1 | 120.0 | 23.9 | 42.0 | 7.85 | 74.6 | 0.178 |
| C | 28.6 | 618 | 16.7 | 93.3 | 63.6 | 22.9 | 39.3 | 6.10 | 32.6 | 0.147 |
| R | 25.7 | 1350 | 8.7 | 87.4 | 36.2 | 11.8 | 29.4 | 10.50 | 34.0 | 0.140 |

剖面编号：4号　重庆市　江津区　先锋镇　大湾村2社　采样时间：2020年6月30日

东经：106.353 916　北纬：29.177 661　海拔：360m　地形部位：丘陵中部

田块照片

景观照

土壤类型：紫色土　亚类：中性紫色土　土属：棕紫泥　土种：棕紫泥土
成土母质：侏罗系蓬莱镇组（J₃p）紫色沙岩

土壤剖面

根系分布

## 剖面描述

| 层次代号 | 层次名称 | 层次深度/cm | 质地 | 结构 | 紧实度 | 颜色 | 花椒根系 |
|---|---|---|---|---|---|---|---|
| A | 耕作层 | 0~25 | 壤土 | 团粒状 | 疏松 | 暗棕紫色 | 少 |
| B | 心土层 | 25~50 | 壤土 | 粒状 | 疏松 | 棕紫色 | 多 |
| C | 底土层 | >50 | 沙壤土 | 粒状 | 较疏松 | 棕紫色 | 无 |

## 物理性状

| 层次代号 | 容重/(g/cm³) | 自然含水量/% | 田间持水量/% | 毛管含水量/% | 饱和含水量/% | 总孔隙度/% | 毛管孔隙度/% | 非毛管孔隙度/% |
|---|---|---|---|---|---|---|---|---|
| A | 1.35 | 21.97 | 23.54 | 23.60 | 34.06 | 48.95 | 31.93 | 17.03 |
| B | 1.65 | 17.96 | 20.91 | 21.9 6 | 23.03 | 37.62 | 34.63 | 2.98 |
| C | 1.68 | 18.52 | 18.52 | 20.66 | 20.84 | 36.75 | 31.05 | 5.70 |

## 化学性状——常规养分

| 层次代号 | pH | 电导率/(μS/cm) | 有机质/(g/kg) | 全氮/(g/kg) | 全磷/(g/kg) | 全钾/(g/kg) | 碱解氮/(mg/kg) | 有效磷/(mg/kg) | 速效钾/(mg/kg) | 缓效钾/(g/kg) |
|---|---|---|---|---|---|---|---|---|---|---|
| A | 4.4 | 90.3 | 12.30 | 1.030 | 0.694 | 25.6 | 70.8 | 53.40 | 368 | 0.226 |
| B | 5.6 | 52.7 | 7.99 | 0.734 | 0.378 | 27.0 | 38.3 | 7.23 | 36 | 0.352 |
| C | 6.4 | 66.2 | 6.19 | 0.663 | 0.316 | 26.3 | 34.4 | 5.25 | 35 | 0.325 |
| R | 7.7 | 65.2 | 1.68 | 0.292 | 0.847 | 29.9 | 36.4 | 3.17 | 52 | 0.526 |

## 化学性状——阳离子交换性能

| 层次代号 | 交换性钾/(cmol/kg) | 交换性钠/(cmol/kg) | 交换性钙/(cmol/kg) | 交换性镁/(cmol/kg) | 交换性酸/(cmol/kg) | 交换性氢/(cmol/kg) | 交换性铝/(cmol/kg) | 阳离子交换量/(cmol/kg) | 碳酸盐/(g/kg) |
|---|---|---|---|---|---|---|---|---|---|
| A | 0.754 | 0.174 | 7.29 | 1.14 | 6.300 | 0.706 | 5.600 | 15.7 | — |

| 层次代号 | 交换性钾/(cmol/kg) | 交换性钠/(cmol/kg) | 交换性钙/(cmol/kg) | 交换性镁/(cmol/kg) | 交换性酸/(cmol/kg) | 交换性氢/(cmol/kg) | 交换性铝/(cmol/kg) | 阳离子交换量/(cmol/kg) | 碳酸盐/(g/kg) |
|---|---|---|---|---|---|---|---|---|---|
| B | 0.269 | 0.239 | 28.30 | 1.97 | 0.908 | 0.706 | 0.202 | 31.7 | — |
| C | 0.243 | 0.261 | 25.10 | 1.53 | 0.756 | 0.504 | 0.252 | 27.9 | — |
| R | — | — | — | — | — | — | — | 12.3 | 56.5 |

## 化学性状——有效中、微量元素

| 层次代号 | 有效铁/(mg/kg) | 有效锰/(mg/kg) | 有效铜/(mg/kg) | 有效锌/(mg/kg) | 有效钼/(mg/kg) | 有效硼/(mg/kg) | 有效硅/(mg/kg) | 有效硫/(mg/kg) |
|---|---|---|---|---|---|---|---|---|
| A | 23.50 | 36.80 | 0.966 | 3.630 | 0.207 | 0.536 | 45.5 | 50.0 |
| B | 11.30 | 28.40 | 0.373 | 1.190 | 0.065 | 0.312 | 71.1 | 68.6 |
| C | 14.60 | 25.60 | 0.333 | 1.020 | 0.141 | 0.580 | 73.4 | 66.6 |
| R | 2.63 | 6.76 | 0.219 | 0.376 | 0.046 | 0.658 | 89.1 | 26.6 |

## 化学性状——全量元素

| 层次代号 | 全铁/(g/kg) | 全锰/(mg/kg) | 全铜/(mg/kg) | 全锌/(mg/kg) | 全硒/(μg/kg) | 全铅/(mg/kg) | 全铬/(mg/kg) | 全砷/(mg/kg) | 全汞/(μg/kg) | 全镉/(mg/kg) |
|---|---|---|---|---|---|---|---|---|---|---|
| A | 20.2 | 538 | 15.4 | 84.5 | 226.0 | 23.4 | 36.8 | 10.00 | 66.7 | 0.242 |
| B | 23.1 | 528 | 10.0 | 77.9 | 84.0 | 21.3 | 39.9 | 8.87 | 86.0 | 0.220 |
| C | 25.7 | 534 | 10.0 | 73.3 | 72.5 | 19.8 | 36.1 | 7.82 | 98.4 | 0.143 |
| R | 21.0 | 539 | 12.0 | 76.3 | 29.1 | 14.8 | 33.7 | 8.98 | 19.9 | 0.118 |

剖面编号: 5号　重庆市　江津区　先锋镇　大湾村6社　采样时间: 2020年6月30日

东经: 106.349 162　北纬: 29.172 016　海拔: 349m　地形部位: 丘陵中部台地

田块照片

景观照

土壤类型：紫色土　亚类：石灰性紫色土　土属：红棕紫泥　土种：红棕紫泥土

成土母质：侏罗系遂宁组（J₃sn）紫色泥页岩

土壤剖面

根系分布

## 剖面描述

| 层次代号 | 层次名称 | 层次深度/cm | 质地 | 结构 | 紧实度 | 颜色 | 花椒根系 |
|---|---|---|---|---|---|---|---|
| A | 耕作层 | 0～30 | 壤土 | 粒状 | 疏松 | 红棕紫色 | 多 |
| B | 心土层 | 30～60 | 壤土 | 粒状 | 较疏松 | 红棕紫色 | 中 |
| C | 底土层 | >60 | 重壤土 | 小块状 | 较紧实 | 红棕紫色 | 无 |

## 物理性状

| 层次代号 | 容重/(g/cm³) | 自然含水量/% | 田间持水量/% | 毛管含水量/% | 饱和含水量/% | 总孔隙度/% | 毛管孔隙度/% | 非毛管孔隙度/% |
|---|---|---|---|---|---|---|---|---|
| A | 1.43 | 22.26 | 24.11 | 26.48 | 30.47 | 45.88 | 34.58 | 11.30 |
| B | 1.68 | 18.18 | 19.65 | 22.51 | 24.75 | 36.46 | 33.10 | 3.36 |
| C | 1.70 | 18.02 | 20.77 | 21.16 | 26.12 | 35.73 | 35.37 | 0.36 |

## 化学性状——常规养分

| 层次代号 | pH | 电导率/(μS/cm) | 有机质/(g/kg) | 全氮/(g/kg) | 全磷/(g/kg) | 全钾/(g/kg) | 碱解氮/(mg/kg) | 有效磷/(mg/kg) | 速效钾/(mg/kg) | 缓效钾/(g/kg) |
|---|---|---|---|---|---|---|---|---|---|---|
| A | 7.9 | 153.0 | 13.30 | 1.150 | 0.846 | 32.2 | 47.8 | 7.52 | 653 | 0.597 |
| B | 8.2 | 166.0 | 9.95 | 0.664 | 0.586 | 32.6 | 21.1 | 2.28 | 64 | 0.482 |
| C | 8.1 | 148.0 | 3.91 | 0.600 | 0.575 | 35.1 | 11.5 | 2.08 | 55 | 0.481 |
| R | 7.8 | 81.4 | 2.43 | 0.472 | 0.878 | 39.4 | 11.5 | 4.75 | 85 | 0.427 |

## 化学性状——阳离子交换性能

| 层次代号 | 交换性钾/(cmol/kg) | 交换性钠/(cmol/kg) | 交换性钙/(cmol/kg) | 交换性镁/(cmol/kg) | 交换性酸/(cmol/kg) | 交换性氢/(cmol/kg) | 交换性铝/(cmol/kg) | 阳离子交换量/(cmol/kg) | 碳酸盐/(g/kg) |
|---|---|---|---|---|---|---|---|---|---|
| A | — | — | — | — | — | — | — | 18.4 | 67.5 |

| 层次代号 | 交换性钾/ (cmol/ kg) | 交换性钠/ (cmol/ kg) | 交换性钙/ (cmol/ kg) | 交换性镁/ (cmol/ kg) | 交换性酸/ (cmol/ kg) | 交换性氢/ (cmol/ kg) | 交换性铝/ (cmol/ kg) | 阳离子交换量/ (cmol/ kg) | 碳酸盐/ (g/kg) |
|---|---|---|---|---|---|---|---|---|---|
| B | — | — | — | — | — | — | — | 23.0 | 76.6 |
| C | — | — | — | — | — | — | — | 24.8 | 42.3 |
| R | — | — | — | — | — | — | — | 18.2 | 171.0 |

## 化学性状——有效中、微量元素

| 层次代号 | 有效铁/ (mg/kg) | 有效锰/ (mg/kg) | 有效铜/ (mg/kg) | 有效锌/ (mg/kg) | 有效钼/ (mg/kg) | 有效硼/ (mg/kg) | 有效硅/ (mg/kg) | 有效硫/ (mg/kg) |
|---|---|---|---|---|---|---|---|---|
| A | 4.15 | 8.86 | 0.519 | 2.210 | 0.079 | 0.493 | 116.0 | 65.9 |
| B | 6.01 | 9.53 | 0.454 | 0.386 | 0.050 | 0.617 | 99.0 | 41.3 |
| C | 3.90 | 10.30 | 0.276 | 0.316 | 0.044 | 0.630 | 178.0 | 28.0 |
| R | 3.99 | 3.40 | 0.195 | 0.219 | 0.068 | 0.712 | 75.2 | 30.0 |

## 化学性状——全量元素

| 层次代号 | 全铁/ (g/kg) | 全锰/ (mg/kg) | 全铜/ (mg/kg) | 全锌/ (mg/kg) | 全硒/ (μg/ kg) | 全铅/ (mg/kg) | 全铬/ (mg/kg) | 全砷/ (mg/kg) | 全汞/ (μg/ kg) | 全镉/ (mg/kg) |
|---|---|---|---|---|---|---|---|---|---|---|
| A | 25.5 | 717 | 14.6 | 109.0 | 221.0 | 27.1 | 43.8 | 15.60 | 49.3 | 0.181 |
| B | 27.5 | 637 | 13.8 | 97.0 | 54.5 | 26.1 | 47.9 | 7.81 | 52.9 | 0.138 |
| C | 33.6 | 713 | 14.3 | 108.0 | 30.6 | 24.8 | 52.5 | 8.95 | 27.1 | 0.039 |
| R | 29.2 | 691 | 15.5 | 102.0 | 39.2 | 26.6 | 46.6 | 12.00 | 22.4 | 0.048 |

剖面编号：6号　重庆市　江津区　先锋镇　大湾村6社　采样时间：2020年6月30日

东经：106.284 355　北纬：29.199 347　海拔：246m　地形部位：低丘中、上部

田块照片

景观照

土壤类型：紫色土　亚类：中性紫色土　土属：灰棕紫泥　土种：半沙半泥土

成土母质：侏罗系沙溪庙组（$J_2s$）紫色泥页岩

成土母质

根系分布

## 剖面描述

| 层次代号 | 层次名称 | 层次深度/cm | 质地 | 结构 | 紧实度 | 颜色 | 花椒根系 |
|---|---|---|---|---|---|---|---|
| A | 耕作层 | 0～30 | 壤土 | 粒状 | 疏松 | 灰棕紫色 | 中 |
| C | 底土层 | 30～40 | 壤土 | 粒状 | 疏松 | 灰棕紫色 | 多 |

## 物理性状

| 层次代号 | 容重/(g/cm³) | 自然含水量/% | 田间持水量/% | 毛管含水量/% | 饱和含水量/% | 总孔隙度/% | 毛管孔隙度/% | 非毛管孔隙度/% |
|---|---|---|---|---|---|---|---|---|
| A | 1.43 | 19.23 | 19.49 | 20.83 | 28.11 | 46.04 | 27.87 | 18.17 |
| C | 1.44 | 20.05 | 18.54 | 22.10 | 24.44 | 45.70 | 26.68 | 19.02 |

## 化学性状——常规养分

| 层次代号 | pH | 电导率/(μS/cm) | 有机质/(g/kg) | 全氮/(g/kg) | 全磷/(g/kg) | 全钾/(g/kg) | 碱解氮/(mg/kg) | 有效磷/(mg/kg) | 速效钾/(mg/kg) | 缓效钾/(g/kg) |
|---|---|---|---|---|---|---|---|---|---|---|
| A | 4.4 | 171.0 | 13.100 | 1.280 | 1.050 | 31.2 | 226.00 | 161.00 | 298 | 1.180 |
| C | 7.8 | 120.0 | 7.890 | 0.620 | 0.636 | 29.7 | 30.60 | 2.97 | 37 | 0.427 |
| R | 7.5 | 43.0 | 0.751 | 0.209 | 0.837 | 12.9 | 5.74 | 2.57 | 28 | 0.912 |

## 化学性状——阳离子交换性能

| 层次代号 | 交换性钾/(cmol/kg) | 交换性钠/(cmol/kg) | 交换性钙/(cmol/kg) | 交换性镁/(cmol/kg) | 交换性酸/(cmol/kg) | 交换性氢/(cmol/kg) | 交换性铝/(cmol/kg) | 阳离子交换量/(cmol/kg) | 碳酸盐/(g/kg) |
|---|---|---|---|---|---|---|---|---|---|
| A | 2.38 | 0.217 | 9.09 | 1.87 | 6.40 | 1.76 | 4.64 | 20.00 | — |
| C | — | — | — | — | — | — | — | 19.90 | 20.5 |

| 层次代号 | 交换性钾/(cmol/kg) | 交换性钠/(cmol/kg) | 交换性钙/(cmol/kg) | 交换性镁/(cmol/kg) | 交换性酸/(cmol/kg) | 交换性氢/(cmol/kg) | 交换性铝/(cmol/kg) | 阳离子交换量/(cmol/kg) | 碳酸盐/(g/kg) |
|---|---|---|---|---|---|---|---|---|---|
| R | — | — | — | — | — | — | — | 4.09 | 34.2 |

## 化学性状——有效中、微量元素

| 层次代号 | 有效铁/(mg/kg) | 有效锰/(mg/kg) | 有效铜/(mg/kg) | 有效锌/(mg/kg) | 有效钼/(mg/kg) | 有效硼/(mg/kg) | 有效硅/(mg/kg) | 水溶性硫酸根/(mg/kg) |
|---|---|---|---|---|---|---|---|---|
| A | 24.90 | 45.60 | 0.243 | 1.230 | 0.089 | 0.537 | 71.1 | 48.0 |
| C | 4.06 | 8.66 | 0.398 | 0.333 | 0.043 | 0.863 | 188.0 | 38.6 |
| R | 3.03 | 3.92 | 0.251 | 0.090 | 0.068 | 0.658 | 365.0 | 45.3 |

## 化学性状——全量元素

| 层次代号 | 全铁/(g/kg) | 全锰/(mg/kg) | 全铜/(mg/kg) | 全锌/(mg/kg) | 全硒/(μg/kg) | 全铅/(mg/kg) | 全铬/(mg/kg) | 全砷/(mg/kg) | 全汞/(μg/kg) | 全镉/(mg/kg) |
|---|---|---|---|---|---|---|---|---|---|---|
| A | 23.5 | 426 | 13.6 | 90.7 | 186.0 | 23.0 | 40.2 | 2.75 | 55.9 | 0.134 |
| C | 22.5 | 585 | 12.4 | 78.6 | 61.3 | 16.1 | 39.1 | 2.39 | 31.1 | 0.254 |
| R | 16.8 | 296 | 16.8 | 48.8 | 21.4 | 10.4 | 30.6 | 4.59 | 19.0 | 0.141 |

剖面编号：7号　重庆市　江津区　油溪镇　万团村5社　　采样时间：2020年7月1日
东经：106.102 349　北纬：29.189 776　海拔：242m　　地形部位：低丘中、上部

田块照片

景观照

土壤类型：紫色土　亚类：石灰性紫色土　土属：红棕紫泥　土种：红紫沙泥土

成土母质：侏罗系遂宁组（J₃sn）紫色泥页岩

土壤剖面

根系分布

## 剖面描述

| 层次代号 | 层次名称 | 层次深度/cm | 质地 | 结构 | 紧实度 | 颜色 | 花椒根系 |
|---|---|---|---|---|---|---|---|
| A | 耕作层 | 0~25 | 壤土 | 粒状 | 疏松 | 红棕紫色 | 多 |
| C | 底土层 | >25 | 壤土 | 粒状 | 疏松 | 红棕紫色 | 无 |

## 物理性状

| 层次代号 | 容重/(g/cm³) | 自然含水量/% | 田间持水量/% | 毛管含水量/% | 饱和含水量/% | 总孔隙度/% | 毛管孔隙度/% | 非毛管孔隙度/% |
|---|---|---|---|---|---|---|---|---|
| A | 1.37 | 27.18 | 20.30 | 21.81 | 27.57 | 48.37 | 29.84 | 18.53 |
| C | 1.47 | 25.00 | 20.07 | 28.57 | 34.59 | 44.65 | 29.43 | 15.22 |

## 化学性状——常规养分

| 层次代号 | pH | 电导率/(μS/cm) | 有机质/(g/kg) | 全氮/(g/kg) | 全磷/(g/kg) | 全钾/(g/kg) | 碱解氮/(mg/kg) | 有效磷/(mg/kg) | 速效钾/(mg/kg) | 缓效钾/(g/kg) |
|---|---|---|---|---|---|---|---|---|---|---|
| A | 8.2 | 108.0 | 13.10 | 1.110 | 0.884 | 31.4 | 47.8 | 10.60 | 129 | 0.741 |
| C | 8.4 | 102.0 | 5.92 | 0.684 | 0.676 | 28.2 | 21.1 | 4.45 | 48 | 0.340 |
| R | 7.9 | 67.7 | 1.30 | 0.437 | 0.941 | 34.8 | 9.57 | 3.96 | 50 | 0.374 |

## 化学性状——阳离子交换性能

| 层次代号 | 交换性钾/(cmol/kg) | 交换性钠/(cmol/kg) | 交换性钙/(cmol/kg) | 交换性镁/(cmol/kg) | 交换性酸/(cmol/kg) | 交换性氢/(cmol/kg) | 交换性铝/(cmol/kg) | 阳离子交换量/(cmol/kg) | 碳酸盐/(g/kg) |
|---|---|---|---|---|---|---|---|---|---|
| A | — | — | — | — | — | — | — | 28.4 | 67.4 |
| C | — | — | — | — | — | — | — | 25.8 | 164.0 |

| 层次代号 | 交换性钾/(cmol/kg) | 交换性钠/(cmol/kg) | 交换性钙/(cmol/kg) | 交换性镁/(cmol/kg) | 交换性酸/(cmol/kg) | 交换性氢/(cmol/kg) | 交换性铝/(cmol/kg) | 阳离子交换量/(cmol/kg) | 碳酸盐/(g/kg) |
|---|---|---|---|---|---|---|---|---|---|
| R | — | — | — | — | — | — | — | 23.0 | 138.0 |

## 化学性状——有效中、微量元素

| 层次代号 | 有效铁/(mg/kg) | 有效锰/(mg/kg) | 有效铜/(mg/kg) | 有效锌/(mg/kg) | 有效钼/(mg/kg) | 有效硼/(mg/kg) | 有效硅/(mg/kg) | 有效硫/(mg/kg) |
|---|---|---|---|---|---|---|---|---|
| A | 3.33 | 6.40 | 0.471 | 1.970 | 0.086 | 1.170 | 196 | 37.3 |
| C | 2.40 | 5.03 | 0.284 | 0.384 | 0.067 | 0.670 | 105 | 30.0 |
| R | 5.33 | 2.19 | 0.154 | 0.118 | 0.071 | 0.420 | 107 | 22.0 |

## 化学性状——全量元素

| 层次代号 | 全铁/(g/kg) | 全锰/(mg/kg) | 全铜/(mg/kg) | 全锌/(mg/kg) | 全硒/(μg/kg) | 全铅/(mg/kg) | 全铬/(mg/kg) | 全砷/(mg/kg) | 全汞/(μg/kg) | 全镉/(mg/kg) |
|---|---|---|---|---|---|---|---|---|---|---|
| A | 30.9 | 797 | 17.5 | 120.0 | 250.0 | 31.3 | 52.3 | 7.88 | 36.0 | 0.251 |
| C | 26.4 | 882 | 15.7 | 96.7 | 83.5 | 23.1 | 51.1 | 5.25 | 25.7 | 0.170 |
| R | 39.9 | 649 | 15.5 | 103.0 | 45.2 | 25.7 | 41.9 | 4.36 | 14.3 | 0.095 |

剖面编号：8号　重庆市　江津区　油溪镇　　采样时间：2020年7月1日

东经：106.119 811　北纬：29.192 120　海拔：215m　地形部位：低丘中、上部

田块照片

景观照

土壤类型：紫色土　亚类：中性紫色土　土属：灰棕紫泥　土种：半沙半泥土

成土母质：侏罗系沙溪庙组（J₂s）紫色泥页岩

土壤剖面

根系分布

### 剖面描述

| 层次代号 | 层次名称 | 层次深度/cm | 质地 | 结构 | 紧实度 | 颜色 | 根系分布 |
|---|---|---|---|---|---|---|---|
| A | 耕作层 | 0～25 | 壤土 | 粒状 | 疏松 | 灰棕紫色 | 多 |
| C | 底土层 | 25～35 | 壤土 | 粒状 | 疏松 | 灰棕紫色 | 少 |

### 物理性状

| 层次代号 | 容重/(g/cm³) | 自然含水量/% | 田间持水量/% | 毛管含水量/% | 饱和含水量/% | 总孔隙度/% | 毛管孔隙度/% | 非毛管孔隙度/% |
|---|---|---|---|---|---|---|---|---|
| A | 1.45 | 18.29 | 20.96 | 22.82 | 25.07 | 45.13 | 30.48 | 14.65 |
| C | 1.62 | 21.45 | 18.17 | 24.22 | 30.75 | 38.89 | 29.43 | 9.47 |

### 化学性状——常规养分

| 层次代号 | pH | 电导率/(μS/cm) | 有机质/(g/kg) | 全氮/(g/kg) | 全磷/(g/kg) | 全钾/(g/kg) | 碱解氮/(mg/kg) | 有效磷/(mg/kg) | 速效钾/(mg/kg) | 缓效钾/(g/kg) |
|---|---|---|---|---|---|---|---|---|---|---|
| A | 6.8 | 176.0 | 9.40 | 0.899 | 1.140 | 31.2 | 40.2 | 95.00 | 643 | 0.637 |
| C | 7.9 | 98.4 | 5.42 | 0.569 | 0.702 | 29.3 | 26.8 | 23.60 | 53 | 0.475 |
| R | 7.9 | 43.1 | 2.67 | 0.330 | 0.850 | 30.7 | 15.3 | 1.88 | 59 | 0.505 |

### 化学性状——阳离子交换性能

| 层次代号 | 交换性钾/(cmol/kg) | 交换性钠/(cmol/kg) | 交换性钙/(cmol/kg) | 交换性镁/(cmol/kg) | 交换性酸/(cmol/kg) | 交换性氢/(cmol/kg) | 交换性铝/(cmol/kg) | 阳离子交换量/(cmol/kg) | 碳酸盐/(g/kg) |
|---|---|---|---|---|---|---|---|---|---|
| A | — | — | — | — | — | — | — | 18.7 | 18.7 |

| 层次代号 | 交换性钾/(cmol/kg) | 交换性钠/(cmol/kg) | 交换性钙/(cmol/kg) | 交换性镁/(cmol/kg) | 交换性酸/(cmol/kg) | 交换性氢/(cmol/kg) | 交换性铝/(cmol/kg) | 阳离子交换量/(cmol/kg) | 碳酸盐/(g/kg) |
|---|---|---|---|---|---|---|---|---|---|
| C | — | — | — | — | — | — | — | 21.7 | 25.0 |
| R | — | — | — | — | — | — | — | 16.6 | 34.6 |

## 化学性状——有效中、微量元素

| 层次代号 | 有效铁/(mg/kg) | 有效锰/(mg/kg) | 有效铜/(mg/kg) | 有效锌/(mg/kg) | 有效钼/(mg/kg) | 有效硼/(mg/kg) | 有效硅/(mg/kg) | 水溶性硫酸根/(mg/kg) |
|---|---|---|---|---|---|---|---|---|
| A | 11.90 | 34.10 | 0.503 | 0.947 | 0.042 | 0.850 | 68.4 | 69.9 |
| C | 2.47 | 7.66 | 0.471 | 0.979 | 0.022 | 0.947 | 144.0 | 41.3 |
| R | 2.40 | 4.02 | 0.154 | 0.665 | 0.044 | 0.106 | 132.0 | 31.3 |

## 化学性状——全量元素

| 层次代号 | 全铁/(g/kg) | 全锰/(mg/kg) | 全铜/(mg/kg) | 全锌/(mg/kg) | 全硒/(μg/kg) | 全铅/(mg/kg) | 全铬/(mg/kg) | 全砷/(mg/kg) | 全汞/(μg/kg) | 全镉/(mg/kg) |
|---|---|---|---|---|---|---|---|---|---|---|
| A | 17.2 | 368 | 13.3 | 54.3 | 34.7 | 21.7 | 39.7 | 2.93 | 38.6 | 0.088 |
| C | 34.4 | 912 | 10.9 | 146.0 | 163.0 | 16.6 | 36.2 | 6.17 | 30.0 | 0.144 |
| R | 22.9 | 387 | 9.78 | 75.1 | 17.8 | 15.0 | 33.1 | 1.69 | 16.1 | 0.139 |

剖面编号：9号　重庆市　潼南区　柏梓镇　黎家村1社　采样时间：2020年7月11日

东经：105.706 22　北纬：30.124 206　海拔：266m　地形部位：浅丘顶部

田块照片

景观照

土壤类型：紫色土　亚类：石灰性紫色土　土属：红棕紫泥　土种：石骨子土
成土母质：侏罗系遂宁组（J₃sn）紫色泥页岩

土壤剖面

根系分布

## 剖面描述

| 层次代号 | 层次名称 | 层次深度/cm | 质地 | 结构 | 紧实度 | 颜色 | 花椒根系 |
|---|---|---|---|---|---|---|---|
| A | 耕作层 | 0~25 | 壤土 | 粒状 | 疏松 | 红棕紫色 | 多 |
| C | 底土层 | >25 | 壤土 | 粒状 | 较紧实 | 红棕紫色 | 少 |

## 物理性状

| 层次代号 | 容重/(g/cm³) | 自然含水量/% | 田间持水量/% | 毛管含水量/% | 饱和含水量/% | 总孔隙度/% | 毛管孔隙度/% | 非毛管孔隙度/% |
|---|---|---|---|---|---|---|---|---|
| A | 1.44 | 21.25 | 22.17 | 22.93 | 41.59 | 45.54 | 33.10 | 12.44 |
| C | 1.48 | 21.31 | 20.58 | 31.81 | 34.85 | 44.01 | 30.53 | 13.48 |

## 化学性状——常规养分

| 层次代号 | pH | 电导率/(μS/cm) | 有机质/(g/kg) | 全氮/(g/kg) | 全磷/(g/kg) | 全钾/(g/kg) | 碱解氮/(mg/kg) | 有效磷/(mg/kg) | 速效钾/(mg/kg) | 缓效钾/(g/kg) |
|---|---|---|---|---|---|---|---|---|---|---|
| A | 8.2 | 164.0 | 11.40 | 0.872 | 0.675 | 28.8 | 51.70 | 6.93 | 63 | 0.381 |
| C | 8.3 | 194.0 | 7.76 | 0.733 | 0.634 | 32.2 | 19.10 | 2.87 | 44 | 0.398 |
| R | 7.8 | 58.9 | 1.66 | 0.443 | 0.852 | 34.5 | 9.57 | 2.28 | 68 | 0.338 |

## 化学性状——阳离子交换性能

| 层次代号 | 交换性钾/(cmol/kg) | 交换性钠/(cmol/kg) | 交换性钙/(cmol/kg) | 交换性镁/(cmol/kg) | 交换性酸/(cmol/kg) | 交换性氢/(cmol/kg) | 交换性铝/(cmol/kg) | 阳离子交换量/(cmol/kg) | 碳酸盐/(g/kg) |
|---|---|---|---|---|---|---|---|---|---|
| A | — | — | — | — | — | — | — | 24.0 | 107.0 |
| C | — | — | — | — | — | — | — | 27.9 | 86.5 |

（续）

| 层次代号 | 交换性钾/(cmol/kg) | 交换性钠/(cmol/kg) | 交换性钙/(cmol/kg) | 交换性镁/(cmol/kg) | 交换性酸/(cmol/kg) | 交换性氢/(cmol/kg) | 交换性铝/(cmol/kg) | 阳离子交换量/(cmol/kg) | 碳酸盐/(g/kg) |
|---|---|---|---|---|---|---|---|---|---|
| R | — | — | — | — | — | — | — | 23.3 | 146.0 |

## 化学性状——有效中、微量元素

| 层次代号 | 有效铁/(mg/kg) | 有效锰/(mg/kg) | 有效铜/(mg/kg) | 有效锌/(mg/kg) | 有效钼/(mg/kg) | 有效硼/(mg/kg) | 有效硅/(mg/kg) | 有效硫/(mg/kg) |
|---|---|---|---|---|---|---|---|---|
| A | 4.17 | 5.35 | 0.454 | 0.690 | 0.109 | 0.536 | 86.0 | 58.6 |
| C | 2.99 | 2.93 | 0.373 | 0.198 | 0.067 | 0.759 | 66.2 | 129.0 |
| R | 3.24 | 2.40 | 0.251 | 0.207 | 0.095 | 0.048 | 76.5 | 19.3 |

## 化学性状——全量元素

| 层次代号 | 全铁/(g/kg) | 全锰/(mg/kg) | 全铜/(mg/kg) | 全锌/(mg/kg) | 全硒/(μg/kg) | 全铅/(mg/kg) | 全铬/(mg/kg) | 全砷/(mg/kg) | 全汞/(μg/kg) | 全镉/(mg/kg) |
|---|---|---|---|---|---|---|---|---|---|---|
| A | 58.6 | 703 | 19.5 | 93.0 | 133.0 | 22.2 | 49.0 | 5.29 | 24.6 | 0.122 |
| C | 129.0 | 650 | 19.7 | 104.0 | 67.9 | 26.4 | 56.5 | 8.07 | 22.5 | 0.200 |
| R | 19.3 | 772 | 21.6 | 101.0 | 20.3 | 27.0 | 46.2 | 16.00 | 19.9 | 0.141 |

剖面编号：10号　重庆市　潼南区　柏梓镇　黎家村1社　采样时间：2020年7月11日

东经：105.705 914　北纬：30.134 893　海拔：253m　地形部位：浅丘中部

田块照片

景观照

土壤类型：紫色土　亚类：石灰性紫色土　土属：红棕紫泥　土种：红紫沙泥土
成土母质：侏罗系遂宁组（J₃sn）紫色泥页岩

土壤剖面

根系分布

## 剖面描述

| 层次代号 | 层次名称 | 层次深度/cm | 质地 | 结构 | 紧实度 | 颜色 | 根系分布 |
|---|---|---|---|---|---|---|---|
| A | 耕作层 | 0 ~ 25 | 壤土 | 粒状 | 疏松 | 红棕紫色 | 多 |
| B | 心土层 | 25 ~ 53 | 壤土 | 粒状 | 较疏松 | 红棕紫色 | 少 |
| C | 底土层 | >53 | 重壤土 | 小块状 | 紧实 | 红棕紫色 | 无 |

## 物理性状

| 层次代号 | 容重/(g/cm³) | 自然含水量/% | 田间持水量/% | 毛管含水量/% | 饱和含水量/% | 总孔隙度/% | 毛管孔隙度/% | 非毛管孔隙度/% |
|---|---|---|---|---|---|---|---|---|
| A | 1.28 | 23.48 | 23.40 | 28.84 | 31.66 | 51.51 | 30.06 | 21.45 |
| B | 1.48 | 21.03 | 20.81 | 25.80 | 27.99 | 44.29 | 30.72 | 13.57 |
| C | 1.60 | 22.39 | 22.69 | 23.37 | 27.50 | 39.77 | 36.22 | 3.55 |

## 化学性状——常规养分

| 层次代号 | pH | 电导率/(μS/cm) | 有机质/(g/kg) | 全氮/(g/kg) | 全磷/(g/kg) | 全钾/(g/kg) | 碱解氮/(mg/kg) | 有效磷/(mg/kg) | 速效钾/(mg/kg) | 缓效钾/(g/kg) |
|---|---|---|---|---|---|---|---|---|---|---|
| A | 8.3 | 109 | 19.30 | 1.340 | 0.840 | 32.9 | 74.60 | 7.62 | 123 | 0.491 |
| B | 8.3 | 127 | 5.67 | 0.670 | 0.695 | 31.9 | 19.10 | 4.16 | 48 | 0.356 |
| C | 8.3 | 125 | 6.00 | 0.604 | 0.561 | 29.6 | 19.10 | 3.56 | 47 | 0.381 |
| R | 7.7 | 70 | 9.82 | 0.364 | 0.888 | 28.3 | 7.66 | 2.67 | 57 | 0.335 |

## 化学性状——阳离子交换性能

| 层次代号 | 交换性钾/(cmol/kg) | 交换性钠/(cmol/kg) | 交换性钙/(cmol/kg) | 交换性镁/(cmol/kg) | 交换性酸/(cmol/kg) | 交换性氢/(cmol/kg) | 交换性铝/(cmol/kg) | 阳离子交换量/(cmol/kg) | 碳酸盐/(g/kg) |
|---|---|---|---|---|---|---|---|---|---|
| A | — | — | — | — | — | — | — | 27.9 | 78.7 |

| 层次代号 | 交换性钾/(cmol/kg) | 交换性钠/(cmol/kg) | 交换性钙/(cmol/kg) | 交换性镁/(cmol/kg) | 交换性酸/(cmol/kg) | 交换性氢/(cmol/kg) | 交换性铝/(cmol/kg) | 阳离子交换量/(cmol/kg) | 碳酸盐/(g/kg) |
|---|---|---|---|---|---|---|---|---|---|
| B | — | — | — | — | — | — | — | 28.4 | 92.0 |
| C | — | — | — | — | — | — | — | 30.7 | 68.7 |
| R | — | — | — | — | — | — | — | 18.2 | 141.0 |

## 化学性状——有效中、微量元素

| 层次代号 | 有效铁/(mg/kg) | 有效锰/(mg/kg) | 有效铜/(mg/kg) | 有效锌/(mg/kg) | 有效钼/(mg/kg) | 有效硼/(mg/kg) | 有效硅/(mg/kg) | 有效硫/(mg/kg) |
|---|---|---|---|---|---|---|---|---|
| A | 2.97 | 4.36 | 0.398 | 1.090 | 0.058 | 0.647 | 139.0 | 34.6 |
| B | 2.51 | 3.94 | 0.308 | 0.262 | 0.120 | 0.461 | 96.3 | 76.6 |
| C | 2.62 | 6.29 | 0.511 | 0.169 | 0.065 | 0.919 | 132.0 | 56.6 |
| R | 3.32 | 2.85 | 0.170 | 0.156 | 0.052 | 0.013 | 87.8 | 23.3 |

## 化学性状——全量元素

| 层次代号 | 全铁/(g/kg) | 全锰/(mg/kg) | 全铜/(mg/kg) | 全锌/(mg/kg) | 全硒/(μg/kg) | 全铅/(mg/kg) | 全铬/(mg/kg) | 全砷/(mg/kg) | 全汞/(μg/kg) | 全镉/(mg/kg) |
|---|---|---|---|---|---|---|---|---|---|---|
| A | 31.8 | 703 | 20.9 | 119.0 | 108.0 | 28.0 | 53.6 | 10.00 | 78.0 | 0.223 |
| B | 30.3 | 684 | 20.0 | 102.0 | 46.1 | 24.1 | 53.7 | 9.07 | 24.1 | 0.148 |
| C | 30.6 | 755 | 20.0 | 102.0 | 53.6 | 24.1 | 53.7 | 8.36 | 19.4 | 0.184 |
| R | 22.7 | 687 | 15.8 | 91.6 | 33.9 | 20.6 | 41.6 | 14.20 | 27.6 | 0.070 |

剖面编号：11号　重庆市　潼南区　柏梓镇　黎家村1社　采样时间：2020年7月11日
东经：105.704 538　北纬：30.133 38　海拔：245m　地形部位：浅丘底部

成土母岩

景观照

土壤类型：紫色土　亚类：石灰性紫色土　土属：红棕紫泥　土种：红棕紫泥土
成土母质：侏罗系遂宁组（J₃sn）紫色泥页岩

土壤剖面

根系分布

## 剖面描述

| 层次代号 | 层次名称 | 层次深度/cm | 质地 | 结构 | 紧实度 | 颜色 | 根系分布 |
|---|---|---|---|---|---|---|---|
| A | 耕作层 | 0~30 | 壤土 | 粒状 | 疏松 | 红棕紫色 | 多 |
| B | 心土层 | 30~50 | 重壤土 | 小块状 | 较紧实 | 红棕紫色 | 很少 |
| C | 底土层 | >50 | 重壤土 | 块状 | 紧实 | 红棕紫色 | 无 |

## 物理性状

| 层次代号 | 容重/(g/cm³) | 自然含水量/% | 田间持水量/% | 毛管含水量/% | 饱和含水量/% | 总孔隙度/% | 毛管孔隙度/% | 非毛管孔隙度/% |
|---|---|---|---|---|---|---|---|---|
| A | 1.42 | 22.58 | 22.08 | 25.33 | 38.64 | 46.54 | 31.28 | 15.26 |
| B | 1.67 | 21.55 | 20.86 | 21.34 | 27.51 | 36.88 | 36.56 | 0.31 |
| C | 1.71 | 21.00 | 19.08 | 18.22 | 20.44 | 35.34 | 32.69 | 2.65 |

## 化学性状——常规养分

| 层次代号 | pH | 电导率/(μS/cm) | 有机质/(g/kg) | 全氮/(g/kg) | 全磷/(g/kg) | 全钾/(g/kg) | 碱解氮/(mg/kg) | 有效磷/(mg/kg) | 速效钾/(mg/kg) | 缓效钾/(g/kg) |
|---|---|---|---|---|---|---|---|---|---|---|
| A | 8.3 | 119.0 | 11.70 | 1.030 | 0.766 | 31.7 | 65.1 | 6.83 | 79 | 0.445 |
| B | 8.3 | 160.0 | 7.54 | 0.819 | 0.731 | 31.6 | 42.1 | 6.33 | 60 | 0.398 |
| C | 8.3 | 125.0 | 9.52 | 0.692 | 0.711 | 32.2 | 23.0 | 3.86 | 54 | 0.404 |
| R | 7.9 | 90.3 | 3.02 | 0.426 | 0.977 | 28.7 | 19.1 | 2.08 | 109 | 0.425 |

## 化学性状——阳离子交换性能

| 层次代号 | 交换性钾/(cmol/kg) | 交换性钠/(cmol/kg) | 交换性钙/(cmol/kg) | 交换性镁/(cmol/kg) | 交换性酸/(cmol/kg) | 交换性氢/(cmol/kg) | 交换性铝/(cmol/kg) | 阳离子交换量/(cmol/kg) | 碳酸盐/(g/kg) |
|---|---|---|---|---|---|---|---|---|---|
| A | — | — | — | — | — | — | — | 24.8 | 96.5 |

| 层次代号 | 交换性钾/(cmol/kg) | 交换性钠/(cmol/kg) | 交换性钙/(cmol/kg) | 交换性镁/(cmol/kg) | 交换性酸/(cmol/kg) | 交换性氢/(cmol/kg) | 交换性铝/(cmol/kg) | 阳离子交换量/(cmol/kg) | 碳酸盐/(g/kg) |
|---|---|---|---|---|---|---|---|---|---|
| B | — | — | — | — | — | — | — | 24.6 | 102.0 |
| C | — | — | — | — | — | — | — | 26.3 | 93.3 |
| R | — | — | — | — | — | — | — | 15.3 | 174.0 |

## 化学性状——有效中、微量元素

| 层次代号 | 有效铁/(mg/kg) | 有效锰/(mg/kg) | 有效铜/(mg/kg) | 有效锌/(mg/kg) | 有效钼/(mg/kg) | 有效硼/(mg/kg) | 有效硅/(mg/kg) | 有效硫/(mg/kg) |
|---|---|---|---|---|---|---|---|---|
| A | 8.830 | 5.77 | 0.852 | 0.685 | 0.081 | 0.619 | 98.6 | 42.6 |
| B | 13.500 | 6.78 | 0.966 | 0.508 | 0.099 | 1.060 | 76.5 | 76.6 |
| C | 0.101 | 1.75 | 0.114 | 0.021 | 0.148 | 0.835 | 81.9 | 46.6 |
| R | 4.060 | 5.28 | 0.211 | 0.179 | 0.061 | 0.082 | 86.9 | 26.0 |

## 化学性状——全量元素

| 层次代号 | 全铁/(g/kg) | 全锰/(mg/kg) | 全铜/(mg/kg) | 全锌/(mg/kg) | 全硒/(μg/kg) | 全铅/(mg/kg) | 全铬/(mg/kg) | 全砷/(mg/kg) | 全汞/(μg/kg) | 全镉/(mg/kg) |
|---|---|---|---|---|---|---|---|---|---|---|
| A | 27.8 | 728 | 19.7 | 102.0 | 94.6 | 25.1 | 50.4 | 9.4 | 78.0 | 0.285 |
| B | 30.8 | 746 | 19.0 | 106.0 | 89.8 | 23.6 | 48.3 | 8.7 | 24.1 | 0.242 |
| C | 31.9 | 678 | 19.4 | 109.0 | 57.6 | 25.4 | 47.8 | 8.1 | 19.4 | 0.236 |
| R | 27.9 | 913 | 15.1 | 88.2 | 19.7 | 17.8 | 41.0 | 1.5 | 27.6 | 0.058 |

剖面编号：12号　重庆市　酉阳县　泔溪镇　泔溪村8社　采样时间：2020年7月27日

东经：108.954 002　北纬：29.009 371　海拔：422m　地形部位：低山中、下部

田块照片

景观照

土壤类型：石灰岩土　　亚类：黄色石灰岩土　　土属：石灰黄泥　　土种：碗碗土
成土母质：寒武系（∈）石灰岩

土壤剖面

根系分布

## 剖面描述

| 层次代号 | 层次名称 | 层次深度/cm | 质地 | 结构 | 紧实度 | 颜色 | 根系分布 |
|---|---|---|---|---|---|---|---|
| A | 耕作层 | 0～25 | 壤土 | 粒状 | 疏松 | 黄色 | 中 |
| C | 底土层 | 25～35 | 壤土 | 粒状 | 疏松 | 黄色 | 中 |

## 物理性状

| 层次代号 | 容重/(g/cm³) | 自然含水量/% | 田间持水量/% | 毛管含水量/% | 饱和含水量/% | 总孔隙度/% | 毛管孔隙度/% | 非毛管孔隙度/% |
|---|---|---|---|---|---|---|---|---|
| A | 1.14 | 29.20 | 31.07 | 30.91 | 53.85 | 57.06 | 35.35 | 21.72 |
| C | 1.23 | 26.30 | 26.96 | 33.12 | 61.57 | 53.49 | 33.23 | 20.27 |

## 化学性状——常规养分

| 层次代号 | pH | 电导率/(μS/cm) | 有机质/(g/kg) | 全氮/(g/kg) | 全磷/(g/kg) | 全钾/(g/kg) | 碱解氮/(mg/kg) | 有效磷/(mg/kg) | 速效钾/(mg/kg) | 缓效钾/(g/kg) |
|---|---|---|---|---|---|---|---|---|---|---|
| A | 4.6 | 563 | 33.80 | 2.890 | 2.380 | 31.80 | 672.0 | 336.0 | 708 | 0.010 |
| C | 4.1 | 320 | 23.30 | 1.620 | 0.499 | 31.20 | 170.0 | 9.8 | 563 | 0.015 |
| R | 8.3 | 105 | 5.21 | 0.413 | 0.503 | 6.62 | 13.4 | 11.8 | 23 | 0.021 |

## 化学性状——阳离子交换性能

| 层次代号 | 交换性钾/(cmol/kg) | 交换性钠/(cmol/kg) | 交换性钙/(cmol/kg) | 交换性镁/(cmol/kg) | 交换性酸/(cmol/kg) | 交换性氢/(cmol/kg) | 交换性铝/(cmol/kg) | 阳离子交换量/(cmol/kg) | 碳酸盐/(g/kg) |
|---|---|---|---|---|---|---|---|---|---|
| A | 1.64 | 0.239 | 3.82 | 1.12 | 2.07 | 0.615 | 1.45 | 8.89 | — |
| C | 1.30 | 0.261 | 7.18 | 0.83 | 1.82 | 0.504 | 1.31 | 11.40 | — |

| 层次代号 | 交换性钾/(cmol/kg) | 交换性钠/(cmol/kg) | 交换性钙/(cmol/kg) | 交换性镁/(cmol/kg) | 交换性酸/(cmol/kg) | 交换性氢/(cmol/kg) | 交换性铝/(cmol/kg) | 阳离子交换量/(cmol/kg) | 碳酸盐/(g/kg) |
|---|---|---|---|---|---|---|---|---|---|
| R | — | — | — | — | — | — | — | 1.79 | 791 |

## 化学性状——有效中、微量元素

| 层次代号 | 有效铁/(mg/kg) | 有效锰/(mg/kg) | 有效铜/(mg/kg) | 有效锌/(mg/kg) | 有效钼/(mg/kg) | 有效硼/(mg/kg) | 有效硅/(mg/kg) | 有效硫/(mg/kg) |
|---|---|---|---|---|---|---|---|---|
| A | 12.10 | 34.60 | 0.308 | 1.770 | 0.139 | 0.610 | 47.3 | 102.0 |
| C | 8.76 | 34.30 | 0.430 | 0.694 | 0.093 | 0.091 | 91.8 | 67.3 |
| R | 6.51 | 2.05 | 0.187 | 0.759 | 0.033 | 0.045 | 26.6 | 45.3 |

## 化学性状——全量元素

| 层次代号 | 全铁/(g/kg) | 全锰/(mg/kg) | 全铜/(mg/kg) | 全锌/(mg/kg) | 全硒/(μg/kg) | 全铅/(mg/kg) | 全铬/(mg/kg) | 全砷/(mg/kg) | 全汞/(μg/kg) | 全镉/(mg/kg) |
|---|---|---|---|---|---|---|---|---|---|---|
| A | 29.60 | 408.0 | 21.30 | 108.0 | 533.0 | 39.50 | 42.20 | 21.60 | 153.0 | 0.201 |
| C | 31.20 | 1 072.0 | 19.70 | 108.0 | 406.0 | 34.40 | 42.90 | 19.10 | 158.0 | 0.276 |
| R | 4.31 | 99.8 | 5.29 | 11.2 | 44.3 | 3.89 | 3.79 | 7.95 | 25.6 | 0.036 |

剖面编号：13号　重庆市　酉阳县　泔溪镇　泔溪村8社　采样时间：2020年7月27日

东经：108.960 093　北纬：29.008 925　海拔：442m　地形部位：低山底部

田块照片

景观照

土壤类型：石灰岩土　亚类：黄色石灰岩土　土属：石灰黄泥　土种：石渣黄泥土
成土母质：寒武系（Є）石灰岩

土壤剖面

根系分布

## 剖面描述

| 层次代号 | 层次名称 | 层次深度/cm | 质地 | 结构 | 紧实度 | 颜色 | 根系分布 |
|---|---|---|---|---|---|---|---|
| A | 耕作层 | 0~25 | 壤土 | 粒状 | 疏松 | 黄色 | 多 |
| C | 底土层 | 25~40 | 重壤土 | 小块状 | 较紧实 | 黄色 | 很少 |

## 物理性状

| 层次代号 | 容重/(g/cm³) | 自然含水量/% | 田间持水量/% | 毛管含水量/% | 饱和含水量/% | 总孔隙度/% | 毛管孔隙度/% | 非毛管孔隙度/% |
|---|---|---|---|---|---|---|---|---|
| A | 1.20 | 33.18 | 35.06 | 38.01 | 45.57 | 54.57 | 42.21 | 12.36 |
| C | 1.25 | 37.64 | 34.32 | 34.68 | 36.40 | 52.75 | 46.72 | 6.03 |

## 化学性状——常规养分

| 层次代号 | pH | 电导率/(μS/cm) | 有机质/(g/kg) | 全氮/(g/kg) | 全磷/(g/kg) | 全钾/(g/kg) | 碱解氮/(mg/kg) | 有效磷/(mg/kg) | 速效钾/(mg/kg) | 缓效钾/(g/kg) |
|---|---|---|---|---|---|---|---|---|---|---|
| A | 7.1 | 145 | 24.6 | 1.80 | 1.640 | 28.8 | 134.0 | 185.00 | 738 | 0.402 |
| C | 7.4 | 157 | 12.1 | 1.15 | 0.615 | 26.5 | 70.8 | 6.73 | 110 | 0.320 |

## 化学性状——阳离子交换性能

| 层次代号 | 交换钾/(cmol/kg) | 交换钠/(cmol/kg) | 交换钙/(cmol/kg) | 交换镁/(cmol/kg) | 交换酸/(cmol/kg) | 交换氢/(cmol/kg) | 交换铝/(cmol/kg) | 阳离子交换量/(cmol/kg) | 碳酸盐/(g/kg) |
|---|---|---|---|---|---|---|---|---|---|
| A | — | — | — | — | — | — | — | 14.3 | 18.3 |
| C | — | — | — | — | — | — | — | 15.6 | 20.8 |

## 化学性状——有效中、微量元素

| 层次代号 | 有效铁/(mg/kg) | 有效锰/(mg/kg) | 有效铜/(mg/kg) | 有效锌/(mg/kg) | 有效钼/(mg/kg) | 有效硼/(mg/kg) | 有效硅/(mg/kg) | 有效硫/(mg/kg) |
|---|---|---|---|---|---|---|---|---|
| A | 37.5 | 46.5 | 1.510 | 2.770 | 0.165 | 0.750 | 376 | 79.9 |
| C | 12.3 | 14.6 | 0.795 | 0.419 | 0.341 | 0.703 | 387 | 107.0 |

## 化学性状——全量元素

| 层次代号 | 全铁/(g/kg) | 全锰/(mg/kg) | 全铜/(mg/kg) | 全锌/(mg/kg) | 全硒/(μg/kg) | 全铅/(mg/kg) | 全铬/(mg/kg) | 全砷/(mg/kg) | 全汞/(μg/kg) | 全镉/(mg/kg) |
|---|---|---|---|---|---|---|---|---|---|---|
| A | 38.5 | 1386 | 36.6 | 175 | 336 | 51.7 | 51.7 | 24.2 | 168 | 0.149 |
| C | 40.7 | 1292 | 43.9 | 180 | 162 | 48.1 | 48.1 | 21.8 | 238 | 0.209 |

剖面编号：14号　重庆市　酉阳县　泔溪镇　泔溪村8社　采样时间：2020年7月27日

东经：108.958 379　北纬：29.008 91　海拔：336m　　地形部位：槽谷

田块照片

景观照

土壤类型：黄壤　亚类：黄壤性土　土属：粗骨黄壤　土种：扁沙黄泥土
成土母质：寒武系（Є）石灰岩

土壤剖面

根系分布

## 剖面描述

| 层次代号 | 层次名称 | 层次深度/cm | 质地 | 结构 | 紧实度 | 颜色 | 根系分布 |
|---|---|---|---|---|---|---|---|
| A | 耕作层 | 0~25 | 壤土 | 粒状 | 疏松 | 黄褐色 | 多 |
| B | 心土层 | 25~40 | 重壤土 | 小块状 | 较紧实 | 暗黄色 | 无 |
| C | 底土层 | >40 | 轻黏土 | 块状 | 紧实 | 黄色 | 无 |

## 物理性状

| 层次代号 | 容重/(g/cm³) | 自然含水量/% | 田间持水量/% | 毛管含水量/% | 饱和含水量/% | 总孔隙度/% | 毛管孔隙度/% | 非毛管孔隙度/% |
|---|---|---|---|---|---|---|---|---|
| A | 1.18 | 31.81 | 31.03 | 35.19 | 59.62 | 55.43 | 36.65 | 18.79 |
| B | 1.42 | 28.79 | 26.80 | 30.73 | 30.99 | 46.57 | 37.94 | 8.63 |
| C | 1.38 | 33.01 | 30.49 | 33.67 | 34.78 | 47.99 | 42.03 | 5.96 |

## 化学性状——常规养分

| 层次代号 | pH | 电导率/(μS/cm) | 有机质/(g/kg) | 全氮/(g/kg) | 全磷/(g/kg) | 全钾/(g/kg) | 碱解氮/(mg/kg) | 有效磷/(mg/kg) | 速效钾/(mg/kg) | 缓效钾/(g/kg) |
|---|---|---|---|---|---|---|---|---|---|---|
| A | 5.3 | 313 | 24.8 | 2.290 | 2.200 | 22.9 | 278.0 | 529.0 | 428 | 0.442 |
| B | 4.1 | 279 | 18.7 | 1.280 | 0.666 | 24.2 | 207.0 | 24.8 | 343 | 0.374 |
| C | 4.8 | 212 | 7.4 | 0.947 | 0.505 | 25.6 | 57.4 | 9.6 | 408 | 0.436 |

## 化学性状——阳离子交换性能

| 层次代号 | 交换性钾/(cmol/kg) | 交换性钠/(cmol/kg) | 交换性钙/(cmol/kg) | 交换性镁/(cmol/kg) | 交换性酸/(cmol/kg) | 交换性氢/(cmol/kg) | 交换性铝/(cmol/kg) | 阳离子交换量/(cmol/kg) | 碳酸盐/(g/kg) |
|---|---|---|---|---|---|---|---|---|---|
| A | 0.959 | 0.217 | 4.67 | 0.943 | 1.26 | 0.857 | 0.403 | 8.05 | — |

| 层次代号 | 交换性钾/(cmol/kg) | 交换性钠/(cmol/kg) | 交换性钙/(cmol/kg) | 交换性镁/(cmol/kg) | 交换性酸/(cmol/kg) | 交换性氢/(cmol/kg) | 交换性铝/(cmol/kg) | 阳离子交换量/(cmol/kg) | 碳酸盐/(g/kg) |
|---|---|---|---|---|---|---|---|---|---|
| B | 0.742 | 0.196 | 1.70 | 0.330 | 5.09 | 0.504 | 4.590 | 8.06 | — |
| C | 0.895 | 0.217 | 1.14 | 0.383 | 5.60 | 0.605 | 4.990 | 8.24 | — |

### 化学性状——有效中、微量元素

| 层次代号 | 有效铁/(mg/kg) | 有效锰/(mg/kg) | 有效铜/(mg/kg) | 有效锌/(mg/kg) | 有效钼/(mg/kg) | 有效硼/(mg/kg) | 有效硅/(mg/kg) | 有效硫/(mg/kg) |
|---|---|---|---|---|---|---|---|---|
| A | 50.5 | 9.91 | 0.901 | 2.87 | 0.156 | 0.337 | 58.5 | 96.6 |
| B | 23.7 | 11.60 | 2.000 | 2.99 | 0.130 | 0.521 | 58.5 | 243.0 |
| C | 21.9 | 41.10 | 1.010 | 1.79 | 0.131 | 0.301 | 68.0 | 112.0 |

### 化学性状——全量元素

| 层次代号 | 全铁/(g/kg) | 全锰/(mg/kg) | 全铜/(mg/kg) | 全锌/(mg/kg) | 全硒/(μg/kg) | 全铅/(mg/kg) | 全铬/(mg/kg) | 全砷/(mg/kg) | 全汞/(μg/kg) | 全镉/(mg/kg) |
|---|---|---|---|---|---|---|---|---|---|---|
| A | 25.8 | 224 | 28.8 | 107 | 416 | 34.3 | 38.8 | 16.7 | 327 | 0.240 |
| B | 28.0 | 267 | 27.2 | 113 | 361 | 34.1 | 38.8 | 16.4 | 160 | 0.281 |
| C | 35.3 | 341 | 26.7 | 125 | 210 | 32.4 | 38.3 | 17.9 | 168 | 0.292 |